努力多久才可以喊累

艾莉 著

中国出版集团 现代出版社

推荐序

不曾失落，就不会对生命感动

我们都曾是被这世界伤害的孩子，一直无法长成想成为的大人，越挣扎越不快乐。也许，那会让人失去一些信仰，却无法阻止对爱的渴望。如果不曾挣扎，我们便学不会珍惜；如果不曾失落，我们将不再对生命感动。

疲惫的时候，你需要的是一杯热茶及一个好故事，如同艾莉的《努力多久才可以喊累》，让你感觉不孤单。而你，也能对别人的故事感同身受，那是生而为人最美的情感，也将是找回勇气的开端。

作家／陈默安

推荐序

拥抱属于自己的骄傲

不必拿他人的自卑来惩罚自己，艾莉的文字，仿佛是生活苦闷的疗药，尤其人生经历了情绪勒索、职场修罗场、人际间各种说不出的苦闷，会点头，会感叹，会大笑，最后会珍惜大龄后仍活得骄傲的自己。活着，就该拥抱属于自己的骄傲。

旅人作家／雪儿

作者序

明天還會再繼續

大人世界裡嚴禁說出口的情緒很多
拒絕長大
渴望被愛
只想大哭
不想再加油

我們以為只能偷偷在心裡
吶喊著
我們以為沒有人會在乎

你可以帶著天真繼續長大
更應該勇敢帶自己找到愛
想哭就哭得比誰都大聲
累了就放一切
天塌了不會第一個壓到你

給自己一個晚上 一段值得的假期
你比誰都還要清楚
過了今晚 過了這段日子
我們明天還會再繼續

艾莉

目录

辑一 · 成为自己 /

感谢一路的坚持，才能在多年以后骄傲地与自己共处。

辑二·成为朋友 /

不要毫无原则地满足他人需求，不必一直懂事却满腹委屈。

目录

辑三 · 成为情人 /

只是想找一块地方，安放自己的心。

诗·写给自己的秘密 /

拆解文字符号，只想知道心中藏着谁。

目录

辑四 · 成为同事 /

在下一次的相遇里，成为各自生命中的不可替代。

辑五 · 成为家人 /

愿世界所有的好，皆与你有关。

辑一·
成为自己

感谢一路的坚持，才能在多年以后骄傲地与自己共处。

所谓合格的大人

当年纪还小的时候，没办法一个人过日子，现在回想起来大多是因为自卑。那时自卑的情绪太张狂，让人手足无措的，不是寂寞，是落单。在人群中的落单最是难受，因为总担心在别人眼中，自己是个没有人愿意陪伴的人。

但矛盾的是，很多时候又宁愿一个人。

过了呼朋引伴的年纪，每到节日，外头狂欢的人群喧闹了一晚，你却一个人躲在家中，连灯都不开。

怕被人发现，一整个晚上你都一个人在家。

不是怕人觉得你孤单，更多的是害怕被热情邀约，反而坏了可以安安静静享受的孤独。

这些年，你开始学会一个人生活，最大的改变是性情。学会了掌握生活的节奏与品质，对这个世界也多了几分顺眼。对世界的顺眼，来自于对自己越来越顺眼的自在，你变得能心平气和看淡世事。明白世事有起落，懂得跌到越低就有机会弹得更高，学会了看开。

心境平和时，很多原本容易让人愤慨的事，
都会被你不当作一回事。

怎么能够不那么容易被激怒，不那么容易生气呢？

愤怒的情绪是怎么也避免不了的，但要避免在愤怒之下做出错误的反应与判断。心境够平和，被挑起的愤怒情绪也能在较短的时间内轻轻消化。

情绪一旦恢复平稳后，思绪也能回到清晰状态，就能理性、迅速地分析相关的利害关系。比方说，当背叛再一次来临，除了立即的伤心与愤怒之外，也会知道背叛伤害情感，对方的损失反而更多。

他不但损失自己人格的信用，还损失了会真心相待、真正在乎他的朋友。

而你的损失，也不过是一个不值得继续往来、不必再掏心掏肺对待的渣。

或者，当那些造谣的暗箭又开始漫天乱飞，即使近了你的身，却无法伤害你的心。管不了别人的嘴要编派多少荒谬不实、抹黑的谎言，只能提醒自己不要活在别人的嘴里。并且**管住自己的心，不随着谣言而慌乱。情绪是靠自己控制的，没有自己的帮忙，别人是没有办法左右你、让你不开心的。**

那些不在乎、不计较不是默认，也不代表那些抹黑你的谣言就是对的。

只是懂了，就算要生气，这样的情绪也该发泄给值得、会在乎的对象。

只是懂了，时间要花在愿意懂你的人身上，并且把那些计较的力气用来磨炼自己，成为更好的自己。

最后也懂了，陷入无止境的争辩是没有意义的，当别人不愿意理解你，说得再多在他听来都只是狡辩。

一个会把日子过好的人，不会给朋友太大的压力。

他会体谅朋友没说出口的难处，相处时，也不必为了看脸色而彼此勉强。**常常愿意配合的，你不见得会当他是朋友；真正当你是朋友的，也不见得愿意事事配合。**

如果以愿不愿意配合的标准来交朋友，最后留下的，应该是“钟点助理”而不是朋友。毕竟，助理是你花钱请的，真正的朋友却是掏出大笔费用要买也不见得会有。

别人愿意配合你，不代表他终日无所事事。

愿意配合你是因为在乎而非理所应当，不要因为一个人好说话而占尽他的便宜、总是让他吃亏。

人与人的往来就是互相体谅与付出，老是要求大家配合你，只会提早用尽朋友的耐心。

学会把一个人的日子过好，是不是就能成为真正的大人？

这个世界上唯一不被推翻的标准答案就是——

没有一件事情是有标准答案的。

每天在路上擦肩而过，那些看起来像是把日子过得极好的体面大人，大多都在为别人而活。

为了让瞧不起自己的人羡慕，为了让担心自己的人放心，为了让想伤害自己的人死心，每个大人都在压抑真正的情绪与欲望，在自己的战场上，运用最有效的手段达到想要的目的。

不论是多大多小的事，包括要不要去喜欢一个人，都免不了经过一番算计才决定是否要去做。

因为成为大人以后的我们，不想再丢脸了，因为成为大人以后我们禁不起失望了。

一路上跌跌撞撞，我们学着过好一个人的日子，虽然还是不明白每天到底都在为了什么忙碌，将来又想要朝哪个方向勇敢地大步迈去。

但，至少明白身为一个合格的大人，那些会伤害别人的言行举止都是不应该做的，因为被伤害过的我们都知道那有多么痛。

学习的过程总是漫长的，我们在学习的过程中，渐渐成为一个可以好好面对自我、静静地独处、越来越喜欢自己并为自己骄傲的大人。

情绪是靠自己控制的，没有自己的帮忙，
别人是没有办法左右你、让你不开心的。

二三十

致——

假如那些有你的岁月里我抓紧你的话，我们现在会是怎么样？

可是没有，只是错过，于是没有答案。

即便在很久很久以后我们再度相遇，我们也没有勇气再继续向前抓住彼此了。

最后说再见的同时，才发现很难，所有的一切都停留在那个有你有我的青春里了，再也不会见的再见。

才三十不到的年纪，你没想到自己会离死亡这么近，今天是你参加的第一场平辈葬礼。虽然明白意外跟明天说不准哪一个会先来到，却还是没有足够的心理准备在这样的年纪去面对“人终究难逃一死”这样的震撼教育。

她是你高中时暗恋的对象，前一阵子才在不知道是谁创立的高中同学脸书社团里重逢，大家兴奋地直嚷着要办同学会。

说了快大半年，同学会还没办，人却走了。

原来很多说出口的话，不一定会实现。

原来很多再见，说了却不见得会再见。

你回想起最后一次见她的场景，是在北上工作多年后的某一天。

那天的你很不意气风发，每天被业绩压得抬不起头，不知道自己的未来在哪里，不知道什么是真正想做的事业，日子过得茫然。

人生就是这样，根本不会照着你预想的剧本走，偏偏就是会在你最狼狈的时候，遇见了她，而你只想让她记住你帅气的模样。

你们第一眼就认出对方，腼腼地点了点头，缓慢地走向彼此。

当她问起你：“好久不见，最近过得怎样？”你也只能干笑两声回应一句：

“还不就那样？”

生活不就是这样？每天一样无聊地过，然后在无聊中想办法把日子再过下去。

你也希望自己有精彩的故事可以说，却害怕说出口的话听起来只像在抱怨。

那天你压抑着没多说什么，但还是忍不住问了她的感情状况。

她笑着说自己还在等那个对的人，你开玩笑地回，别再挑了，搞不好对的人就在眼前呢。

你用玩笑掩饰自己的真心，大人们都是这么做的。

对真正喜欢的人说不出口，面对讨厌的家伙还要装作喜欢。

没想到，终究还是成为了自己讨厌的大人模样呀！

那次要跟她道别时，你根本不想说再见。

如果知道那一次的再见是再也见不到，自己能不能多勇敢一点点？

你一直愿意面对长大这件事，却从没想到长大会如此之痛。

小时候一心一意急着长大，仿佛“长大”是万用灵药，可以解决当时让你头痛的所有困惑。

以前在河堤旁鬼混的那群小鬼头，放学后没事就聚集在一起。打球、跳绳、骑单车，任何想到的事情都可以在河堤边上进行。当初的你们不觉得长大有什么困难，不就是日复一日在这河堤上欢笑着、打闹着，就自然长大了？

不管是被体罚，还是跟隔壁班女生告白失败，这些过往羞愧的糗事，都将成为长大后笑着提起的往事。

只是，当初的你们都没有想到，长大会是噙着泪水疼痛地进行。

当你又长大了一点点，来到了和她相遇的高中岁月，记忆里的日子总是阳光般灿烂，跟死党们天天耗在一起都不觉得无聊。青春时的蓝天白云天天高挂着，让人看到发腻。

习惯过着那样的好日子，却没想过总有一天会结束，没想过你们会有走散的一天。

总有那一天，你们都会变老或者有人先离场。

当年一起翻墙逃课的人，到了现在有些连脸孔都已经模糊到想不起来了。

但，你还记得她因过度紧张而涨红的双颊。

你记得当时那个画面：她从围墙往下跳，黑色的裙摆开成一朵好看的花，张开的百褶裙下是她白皙修长的双腿，你别过头去不敢细看，觉得自己的心脏快蹦出了胸膛。

在那一事无成的青春里，喜欢上她是你最大的成就。

那时的你，以为只要想见对方，随时都能再见，却没有想到长大这件事会把你们分隔成两个世界的人。

好不容易又相见了，然后却再也不见了。

你几次想过要找她，

只是你觉得自己还不够好，没有好到足以让她依靠。

你以为人生还有的是时间可以消耗，

现在才明白了凡事都要趁早。

现在的她是一座你无法触及的孤岛，

世间的喜怒哀乐都无法讨好。

你用力抹掉滑下的泪，哽咽着对我说：

说起自己的悲伤时，都像是在谈论别人的笑话，大人不都是这样装作坚强的吗？

我看着你，心想——

原来，每个大人都只是个脆弱的孩子，满腹的心事找不到一个愿意侧耳倾听的人。

大人世界不是一座无忧无虑的游乐园，每个人都会做出对自己最有利的盘算。每日每夜这样生活着，然后也就慢慢搞懂了很多学校里没教、老师没讲“这是重点”，但被人生逼迫边掉泪边学会的事情。

学了一辈子的离别，也没有变得比较容易。

学了一辈子的再见，多挥手也不会更拿手。

只是你呀，
说了再见，怎么忍心真的再也不见？

每一道划在身上的伤口

活到了一定岁数的我们躲不过受伤的时刻，也免不了在有心无意中伤害过别人。并不是只有恶意才会划出伤口，无心之过反而会留下更深的阴影。

就算是出过几本书，也幸运地挤进畅销书排行榜，你却还是不敢轻易称自己为“作家”。在你看来，“作家”必须有一定的等级，顶多只敢称呼自己为作者。

几年前，曾经有个想要出版旅游书的女孩来征询过你的意见，你毫无保留地分享了自己的经验。

没想到事隔多年，在前几天居然有些难听又伤人的话传回你的耳里。

女孩当时苦于不知如何下笔写出可以打动出版社的企划案，因而来请教你。你当时只是很坦白地告诉她，自己从来没有写过企划案，都是跟编辑聊过后就决定出书的。

你万万没想到，这些实话在她听来很是刺耳，让她不屑于你的容易，也不平衡自己的千辛万苦。

你听见这些她当时没说出口、不愉快的话时，只能苦笑。

没见识到别人辛苦的过程，为何断定别人过得容易？

不要随便看轻一个人，除非你担过他肩上的重量。

你没有跟女孩聊到的是，虽然从来没有为了出书写过正式的企划案。但是，曾经，没有人愿意帮你出书。

在网络兴盛的年代，你受邀固定在几个网站上发表文章，扛着“专栏作家”的风光名号写了一两年，虽然累积了不小的知名度，心里总是不踏实。

老派的你喜欢纸张的触感、文字烙印在纸张上那股味道，心中始终渴望文字以书的样貌呈现。

主动来约谈要帮你出书的几家出版社，不是把出版计划讲得天花乱坠后人间蒸发，就是把稿子要去之后久久没有后续，追问了许久，才逼出真正的答案：总编辑说，你的文字不够深刻。

这些不顺遂的过程就像一连串小小的轰击，炸掉你原有的自信，让你不仅开始怀疑起自己的文字，甚至一度产生放弃写书的念头。

但，人生时常是这样的，原以为走到断崖没有路，却没留意可以一步登天的缆车入口就在自己的右手边。**眼前的困难轻易障蔽了视线，没发现希望就在你愿意换个角度看过去的前方。**

只是，自我怀疑总是让人盲目，不敢再轻易相信自己能办得到。

日本漫画《仁医 JIN- 仁 -》里有句话：“**老天爷不会给你跨不过的考验。**”

你对这句话的解读是，知道你办得到，才要为难你。

有时候，老天爷之所以不停地为难你，只是想确定你到底有多想要做到这件事。毕竟，太容易得到的，总是不容易被珍

惜；太简单办到的，总是更简单被舍弃。

你更少跟人提起的是，在成为专栏作家之前，还有过一段“没有名字”的写作生涯。说得好听一点，就是“影子作家”，所谓的代笔人。

你帮很多人写过自传书、美容书、减肥书，也曾将偶像剧剧本改写成小说，这些出版作品的共通点就是：不会有你的名字。

你常笑着说，这些是没有灵魂的作品。你出卖灵魂换取金钱，领了以字计费的酬劳，就去旅行。当时的你，觉得好像也没有什么不好，现在回想也记不得有多少出版作品。

机会这件事情，有时来得很快，快到你根本来不及准备。

那时，突然有个人出现了，他相信那个你都还不明白的自己，还与你签下合同，要你开始用自己的名字写作，于是就这样写了好几年。

在终于可以出书前夕，你开心地向某位朋友说到这项好消息，他却对你说：

“你以为他们为什么要帮你出书？可以写的人这么多，为什么他们会选上你？不是因为你写得特别好，而是由于你的媒体人身份。”

他接着说：“挟着媒体人的光环，出版社认为一定可以卖得很好，才会愿意出版你的书。”

这句话重重地伤害了你。

过了很久，因为懂了朋友的心情之后，才释怀了他的恶言。

他曾经出版过几本小说，文笔极好，故事动人，只可惜市场反应平平。他那忍不住想要跟你一较高下的小心眼，那些羞于承认、说不出口的忌妒，全来自连自己都不知情或者早已经遗忘曾经被划下的某一道伤口。

他羡慕你现在的风光，却不明白那是因为你把之前的憔悴藏得太好，谁也见不着。

我们都曾经有过梦想，不论大小。

谈到梦想时，谈到真正想触及的目标时，我们的脸上会散发出迷人的光彩。

只是，当发现自己距离梦想越来越远，根本无法办到时，梦想会变成一把利刃，在心中划下一道道深不可测的伤口。

曾经的梦想变成现在避之唯恐不及、连提都不想提到的话题。

你无须为自己达成梦想感到愧疚，没有人比你更明白这一路是怎么走过来的。至于那位最后没有顺利出版旅游书的女孩，对她来说，再怎么婉转得体的表达，还是有可能对她造成伤害。因为你无法预料到她哪一道人生伤口，会在听到你哪句话时被无意揭开。

再善意的表达，听进有心人的耳里，都可能造成当初始料未及的伤害。我们无法一一设想最周到、最不伤害每个人的词句。

偏偏，我们常常被波及，进而怀疑问题是不是出在自己身上，是不是自己说错了什么。

不必拿他人的自卑来惩罚自己，我们不是圣人，驱赶不了他心中的魔鬼。

原来一切早已安排好

你是从什么时候开始觉得自己像个大人的？

是在那一个深夜，刚开始工作后的第二年。漆黑的办公室里空空荡荡，只有你这一区还亮着微弱的桌灯。

为了写脚本已连续熬了几天的夜，就算已经累到睁不开眼，但隔天一大早又有动脑会议，你还是认命地留在公司加班。

突然想到好一阵子没报平安了，打通了老家的电话，一听见妈妈的声音还没开口就已经哽咽。匆匆说了几句话，接着就在空无一人的办公室里，无声地痛哭起来。

就在那一场大哭之后，才明白原来这就是所谓的大人啊！

已经无法任性地转身就说要回老家，因为还有每个月待付清的房租与账单、每周写不完的脚本、每天开不完的会要面对。

在这样一边摸索一边长成大人的过程中，也理解了一些似是而非的道理——

不是只有你会被找麻烦，每个人都有自己的主管要应付。

你把时间用在哪里，别人是看得出来的。

小聪明或许可以赢得一次胜利，

但最终的结果还是取决于你有多努力。

这世界当然不公平，努力是你唯一可以争取公平的机会。

你无法改变自己的爸爸是谁，却可以改变自己是谁。

还有，还有，你花了好长的时间才搞懂的事——

不要以为好人就不会碰上坏事，也不必抱怨坏人怎么还没遭报应，本来就不是每个人都照着公平正义在玩游戏。

刚开始工作的那几年，开心与不开心的情绪交互穿插。你终于有了企盼许久的独立生活，可是，工作的成就感跟收入却没有齐头并进。

几场来得自然去得突然的恋爱，像是丘比特的试射练习，只留下一些潦草的印记。如今，四十多岁的你走过了一些无法避开的旅途，心境也已大不相同。

还是得走上这一条路，就算已经预料到路途的坎坷；还是得爬上那一座桥，明知很费力会让你膝盖直发疼。

在旅途一开始，你总是踩着急促的脚步，想要笔直地往前冲，只愿意花最短的时间就想抵达终点。可是，人生就是要带你绕过一个又一个弯，要你在每一个转折的角落学会停下脚步。

在你终于累到不得不停下时，才会遇见沿途中未曾听说过的美景，更棒的是，这些沿途的获得都是你的，没人能拿得走。

于是，你开始学着放慢脚步，心情从从容容，体会到唯有心平气和才能好好面对所有。

从前的孤单、不被了解都成了过去，那些错爱的曾经也不是平白无故的搅局。那是为了让你明白，在爱情中，心中真正想要的是什么。

毕竟心痛过后的学会，总是比较容易记住。

你曾经羡慕过别人的那些，岁月最终都会带来给你。

人生比我们预想的来得狡猾，暗藏无数心机，更可恶的是，它比我们更了解自己、还把我们摸得一清二楚。

它会在你失望透顶的时候给一些甜头，好让你不会死心绝望；在挫折、打击总是没完没了地冲着你来时，好事却突然发生。

然后，你就觉得好像又可以继续把日子过下去。

然后，你会继续相信幸福就在不远的转角等你。

我们一辈子要经历的幸福与苦难的额度，早已被分配好了。

细数从前，好像也懂了，根本不需要什么时光机回到过去。就算回到二十年前，也不会改变这一路上的任何决定。每一个选择伴随着当时的自己，都是难以替代的曾经，不管是泪也好是笑也好。

那些流不干的泪、好不了的痛，到了今天都成了一抹微笑，每一道伤疤诉说着每一段故事。

曾经的勇敢、一度的脆弱，不论以往发生过什么，不管那时身边有没有人，你都陪着自己走了过来。

在这么久之后，终于知道人生为你安排了些什么。

比方，他的不告而别，反而帮助没办法离开不快乐爱情的你画下句号。

比方，在年纪还太小时就被遗弃，是要让你知道，没有人会理所当然地一直都在。

原来，命运早已被设定，一定要先遇上步步逼近的磨难，才会留心地学会这么多，才能促成今天这么好的自己。

人生总不会天天放晴

人生比你想的难一点却也简单一点。

要把日子过好的诀窍只在简单的一个转念。

当你沉浸在愤怒的情绪中，自然没有一件事看着顺眼。内心平静了，愿意先送出笑容时，会发现全世界都以笑容迎接你。

说穿了，在这说短不短说长不长的人生里，每一天影响着过日子心情好坏的，就只是自己看待事情的角度。

在你即将去新公司报到前，朋友多嘴地提了一件事。虽然，她也只是听说。

听说，未来的主管是个情绪起伏很大的人，担心不好相处，要你多加留意。但，你并没有放在心上，只以平常心去面对新环境的挑战。

经过一个月，你没发生任何跟新主管相处上的问题，倒是目睹了几次她跟大主管的冲突。

大主管经常朝令夕改，只要客户压力一来见苗头不对，就会立刻要你们更改企划案，不管是已经在执行中的，还是当初根本是他自己提案的，一律都要改。完全没有原则，也不会挺身捍卫自己部门想出的创意。

一声令下就要改，自然苦了为专案熬上几天几夜的你们，主管几次忍不住气到拍桌对他大骂，他却只是耸了耸肩一副事不关己的样子，还对她说：

“你情绪管理能力也太差了吧？”

听到这句话时，你突然懂了。原来，他就是那个“听说”的来源。原来问题不在拍桌子的人，而是出在把她惹到拍桌子的那个人。

我们靠在一整片的落地窗前边远眺河景，听你说着在新公司里的适应状况。

你突然回过头，看着曾经熟悉的公司大门口的天花板。

“那个逃生灯是新安装的吗？”

我顺着你的视线望过去，那盏逃生灯至少已经立在那三年了，而你也不过才离开三个月。

“是你从来没有从这个角度看过这家公司吧。”

我笑着说。

以往你每天上班的路线都是出了电梯、走进大门、刷卡、进办公室。你何时会好好站在大门外，好整以暇地端详整间公司的外貌？

看事情的角度因为心态不同，就突然会有全新的发现，即使这个新的发现是已经存在很久的事实。

上个周末我幸运地在大雨来袭之前跳上迎面而来的公车。

回家路遥遥，我决定闭目养神度过这段时间，但邻座女童稚嫩童音的发言，还是钻进了耳中。

“妈妈，为什么下雨了呢？”

听见这个问题我心中一惊，忍不住替妈妈紧张起来。

好难，我想。

根本不知道该怎么回答。

“哎呀，老天爷就是这样子的嘛！”妈妈好声好气地说。

“隔个几天就要下一下雨的，不然，以后没水喝了怎么办？”

原来如此，老天爷就是这样子的嘛！

上台领奖的人不是你，并不是你努力不够，也不见得是她比你努力，也许当时的她就是比你多了那一点幸运。

只是当我们不顺遂时，就会怨天尤人，觉得自己特别倒霉，指责老天爷不公平。

但你忘了，你曾经也有过幸运的时候，只是那时的你以为得到这一切都是理所应当的。就算当时的你幸运到有点心虚，也不明白到底比别人多做了什么样的努力，而获得了这样的成就。但老天爷并没有这么多的心眼，人生有时候就是会顺遂，有时就会是谷底。

我们之所以一直觉得自己很倒霉，那是因为，人在倒霉的时候免不了怀着对老天爷的恨意，而坏事毫无意外地总是会被记得特别清楚。

但事实是，老天爷并没有特别为难你。

因为，它根本不知道你是谁。

它没有特别偏爱谁，也没有蓄意要惩罚谁，好事坏事就是会不停地穿插着在每个人身上发生。

觉得自己总是衰事连连、祸不单行，那是因为你忘了好运发生时的开心。

觉得自己幸运到不行，往往心想事成是因为你选择了只记住发生的好事。

与其记住坏情绪，为什么不回想快乐的时候呢？

相信好事总是发生在自己身上，好事就会更多地发生在自己身上。

老天爷就是这样的，不会让你总是遇到晴天。

偶尔下雨了，除了是要你储储水，也要你储备能量。

好在下一次天晴时尽力绽放。

与其记住坏情绪，为什么不回想快乐的时候呢？

不要成为自己讨厌的那种人

这一路走来，你一定遇过许多无法理解的事情，那些懂得逢迎拍马的人比认真做事的还备受肯定，老老实实应付生活的人却又常常无端地被造谣攻击。

你想不透这其中的道理，甚至还想过是不是干脆变成那种讨厌的样子，离成功才比较近。

只是想归想，你始终做不到。

若真要处理那些让你讨厌的人、讨厌的标准，最好的办法就是放下它。

让这些狗屁倒灶的事一并远离你，眼不见为净自然心就不烦。

每个人各有自成一套的人生哲学，既然无法理解，也就别再继续纠缠。

只是在经历过这些讨人厌的事情之后，你该怎么不被动摇，依旧带着以自己为傲、喜欢自己的心无畏地走下去？

在被中伤前，总是那么相信人的你，是否能再全心信任？

在被误会前，总是热心助人的你，是否还愿意无悔付出？

你，还是原来的自己，却又已经有些不同。

不是不再相信别人，而是学会了要经过相处后，才能真正看清一个人。

不是不愿再帮助人，而是懂了先顾好自己，再把剩余的时间、力气给人。

曾经那么在乎别人对自己的看法，在经历糟糕的恶意中伤后，如今也不再那么纠结。不是不在乎，而是懂了谁才是该在乎的对象。

来到我们生命里的人，很多都只是路过，仅仅与你擦肩交错而过，因为他们随口的三言两语就赔上自己的心情，怎么计算都不值得。

那些真正在乎你的人所说的赞美最真心，批评最用心，你才应该真正交心。

遭受背叛之后，你知道了看起来最友善的人也许身后藏着刀，等着在你最没有防备之时，往你心口直直插去。也终于恍然大悟了，就算暗箭满天飞、黑锅近你身，不是你的错就不必替任何人扛。

那些只会消耗你的人，整天忙着说你不好的人，只要你不跟着搅和，他们就无法得逞，也无法阻挠你变得闪亮。

当然，自己的标准跟想法并不完全都是对的。可是，为何对那些整天大摇大摆偷懒的同事，主管总是睁一只眼闭一只眼？你不明白自己的努力怎么得不到主管的青睐。

看起来做事行云流水的同事，总是三两下就把工作完成，是因为他有本事、懂得做事的诀窍。**职场要的从来都不是一个最努力的人，而是能拿出最好成果的人。**只要结果让老板满意，过程经历有多辛苦、使出了哪些手段，他们大多并不会在意。

在结果不尽如人意时，总说自己已经很努力了，那只会更显得你的无助及多余。既然没有别人的天分，就只能加倍努力。

结果不如预期，说穿了，就是你努力不够。

不要老是跟主管说你已经尽力了，那只会让主管觉得你就是没那个能力。

你够努力不代表就必须被看见、被表扬。你够努力只是对得起自己，你的努力还必须对得起主管、对得起老板、对得起每个月的薪水。

不要成为那种整天只会抱怨，却不知道找出问题在哪儿而不求改进的人。

偶尔的抱怨能解压，但天天抱怨只会与人渐行渐远，不只影响了自己的情绪，也影响了跟别人的往来。

这一路走来，只有你最明白自己经历过什么。

你对自己的梦想涂涂改改、反反复复摸索着自己想要成为的大人，却始终没有改变内心的自己。

更庆幸的是，你一直担心的并没有发生，那些可耻的、讨厌的习性没烙印在身上，没有成为自己所厌恶的那种人。

如果连自己都讨厌自己了，就算是世上所有人都为你的成就而赞叹，却也无法获得真正的开心。毕竟，你的个性就是没有办法替讨厌的人开心，你就是这样子的一个人。

试着感谢自己这一路的坚持，才能在多年以后还可以骄傲地与自己共处。

今天，你好了吗？

不管你手上是哪个版本的《小王子》，翻开书本的第一页都会读到这段话：

所有的大人都曾经是个孩子，只是他们大多忘记了。

是从哪一次拆开圣诞礼物之后，你不再半夜装睡等着圣诞老人？

是从哪一次吹熄生日蛋糕上的蜡烛以后，你不再相信童话故事？

你早就忘了那则小时候写下的、页面都已泛黄的“我的志愿”，忘了那个你曾经一心一意要努力前进的目标。

开始工作之后的每一天，都不由自主地被时间推着走。甚至，还不确定前进的方向是不是想要到达的地方，日子依然飞快地走，在还来不及警觉的时候，就过了三十岁的生日。

每天出门上班跟所有人一起搭地铁、进电梯、坐办公桌，分明处在人群之中却仍觉得自己是一个人。

有时会觉得孤单，也总有些心事堆着，偶尔也想跟谁说说话。只是，拿出手机打开联络人名单从第一个滑到最后，却不知道该打给谁。

不是没有朋友，自认人缘向来很好，朋友有事你都是第一个出手帮忙，只是当自己有了麻烦却怎样都说不出口。

你不知道心事要说给谁听，也不确定谁愿意分摊你的累而不怕麻烦。

呆看着那些存在手机里的联络人，虽然常见面却没把握算不算朋友。

心里那些事就是没办法对他们说出口，就算是说了，他们也不见得会懂。这几年下来，越来越懒得解释自己。

那些很懂你的、根本不必多说的、只要一个眼神就能明白彼此想法的朋友，被盲目忙碌的生活带离了你的人生。

原本的亲密被距离冲淡，你们变成了想联络却怕是打扰的关系。

于是开始习惯一个人处理自己的心事。

你以为自己是朝着成功人生走去，但可以好好说说话的人、能够好好吃顿饭的时间都像是种奢侈品，入手不易。

每天努力成为一个得体成熟大人的你，忙着安慰别人、关心别人，是不是忘记了最该关心的人其实是自己？

是不是老忘了问问心中的那个孩子：

今天，你好了吗？

今天，你好了吗？

安心亚《哈罗》这首歌里的一句歌词，关心的对象是每一天匆匆忙忙的“你”。

今天你好了吗？

有没有又离伤心远了一些。

有没有多往开心近了一些。

最该好好保护的人是自己，但我们总是忘记。

最该好好关心的人是自己，但我们不以为意。
最该好好相处的人是自己，但我们刻意逃避。
是害怕停下匆忙的脚步，面对自己那些无法入眼的累累伤痕？
是害怕静下来独处，坦白面对自己却反而无言以对？

我有个朋友，她没有办法一个人待在家里，面对空荡荡的屋子，心里充满害怕。

但，怕什么呢？

“好像会被强大的孤独感吞噬。”她说。

她在前几年恢复了单身，解除了一段婚姻关系。从两个人变回一个人，要重新适应调整的事情很多。料理的分量、垃圾袋的公升数、床上多出的位置、心中空出来的角落，还有做回朋友后问候时的温度。

她一直以为自己过得很好，在离开他以后的这几年也谈了几次恋爱。

“可以再谈恋爱，就代表自己已经好起来了吧？”她问我。

今天你好了吗？这个问题并没有一个标准答案。

我们都是那种无论多坚强偶而也会脆弱的大人，日子过得好或不好，答案只有自己最清楚。

日子如果总是过得像是为了对别人交代跟讨别人喜欢，只怕活得会越来越不像样。别把那些因为一些耳语就跟着中伤你的人看得太重，他们终日只活在计较他人的盘算中，谁哭谁笑对他们来说，都只是过目即忘的八卦。

你该在乎的人不多，只要是那些真正在乎你的人就好。

就算伤痛已经好了，真的都不痛了，还是会觉得自己软弱到似乎随时会被扳倒。可是，当你终于不再害怕让别人知道自己也会脆弱，也不再逼着自己必须立刻坚强起来，并且允许自己一个人可以脆弱，正是你变得强大的开始。

之后又变成两个人的你，也许还是无法让人看见眼泪，却至少找到了那个能够依靠、可以哭湿的肩膀。你喜欢他，不是因为没有人陪，而是只想有他陪，那就好好开始你们的一辈子，越早开始越好。

允许自己脆弱，正是你变得强大的开始。

如果可以遇见过去的自己

小时候的你如果遇见了现在的自己，会感到骄傲吗？

如果可以提醒小时候的自己，你最希望可以避开一些什么事呢？

你边笑边随手列出洋洋洒洒的清单，像是：

高二那年骑着脚踏车滑下学校旁那个长长的坡时，不要因为过度紧张只按住前刹车，现在你的大腿上就会少一道疤。

大一选修的日文课，不要被第一次上课时的日文自我介绍吓到退选，你的日语能力会比现在强很多。

不要拿一些无聊的事考验初恋时的那个男孩，不要一天到晚想着恋爱什么时候会结束，在那个绝美的校园里至少要谈上一次完整的恋爱。

可是，回想起那些错误百出的曾经，那些困惑青春里透出酸甜的记忆，你一个也舍不得放掉。

那些手忙脚乱的印记，那些疼痛杂沓的过往，都是你成为现在的自己一路以来的积累，没有一个是你想要改变的。

所以，你满意现在的样子吗？

好像有了点什么成就，却又离所谓的成功太远。

受了不少的伤，受够了势利，却也得到不少的帮助。

越来越提不起劲认识新朋友，懒得再交代自己的过去；跟老朋友窝在一起却是格外放心，几个人开心地大吼大叫，不怕丑地把出糗的往事说了又说。

你们在那个还不太认识自己的年纪里就认识彼此，一起长大也一起变老。再说，比起花时间认识新朋友，你更想多花时间认识自己。

花时间认识自己，是这几年的你体悟出来的人生重点。

认识自己跟认识别人一样都要花时间相处，相处过后才会真正知道自己的优缺点，明白喜恶的界线在哪里。

还搞不懂自己真心想要什么之前，至少会明白不想要的是什么。

很多以前轻而易举的事现在都做不到了，像是三天三夜混夜店、一个人在KTV唱到天亮或是拼命地吃到饱。

你不想再狠狠地燃烧青春，不只是因为青春已经所剩不多，而是时间必须浪费在最对的人、事、物上。

找到谈得来的、看得顺眼的人，对你来说，就跟假日要睡到中午过后一样难。

你的生理时钟总是在早上七点半叫醒你，不能勉强自己晚睡就像无法勉强自己跟不喜欢的人在一起，只因为他很有可能会与你结婚。

你把日子过成了理直气壮般坦然，没有太多的孤单要消磨，也不太需要过多的陪伴，就算身处拥挤的人潮中，还是明白自己有要去的方向。

你从逞强开始学会了一个人过日子，因为不想让别人担心，

只好努力把每一天过得如同一幅美不胜收的风景画。

苦也没地方诉、累到没有泪的那些年，什么冷嘲热讽你都经得起，就是经不起被关心。

就算是被暗算了、背了黑锅或者当面被难堪的时候，你都还挺能自嘲带过。

但在那样的时候，千万不能被在乎的人问上一句，“还好吗”“没事吧”。

这些温柔的话带着最强的穿透力，看似轻轻柔柔却分外揪心，不到一秒就会逼出你最不想让人看见的泪。

以前的你认为不能输，至少输了不能被人看出来。

但现在，终于可以接受失败了，敢输、敢面对自己的软弱。

人生就像一场马拉松，失败了、跌倒了、落后了，都只是前面几公里的停滞期，必须坚持到终点，就算跑不动也要走到最后，再来评断一切。

如果真的可以遇见过去的自己，你最想对自己说：

我很努力，没有变成你厌恶的大人。没有把尖酸刻薄当坦率，没有把嘲笑别人当幽默，没有把别人的好视为理所当然。

在单亲家庭长大不是你的错，更不是什么丢脸的事，那些因为这个原因排挤你的人并不是真正的朋友。但没关系，再过几年，你会遇见一些看起来毫不在意这些的人，那些人会是你一辈子的朋友，你会因为认识他们而变成一个更好的人。

不要一直拿“可能会失败”来恐吓自己，就算没有历经千辛万苦，幸福也会来到的。相信你的选择都不会有错，因为每个决定都是当时你最勇敢的决定。

不必理会那些因为你不擅长心机，而嘲笑你愚笨的人。再擅长算计一切，也不见得能看得懂所有的人情世故，一个人的善良是在看穿一切狡诈后，依然心甘情愿吃亏。

最后，在你第一次失恋时，我答应你会让自己幸福起来。现在的我做到了，不管身边有没有人陪。

温柔的话带着最强的穿透力，看似轻轻柔柔却分外揪心，
不到一秒就会逼出你最不想让人看见的泪。

努力多久才可以喊累

你觉得每个人这辈子当中说过次数最多、最不负责的话是哪一句呢？

是“我爱你”吗？

不是。

我们最常说出的那句不负责任的话是——“加油”。

别人遇到困难时，我们会习惯说声“加油”，不管对方想不想听到。

诚恳热情的“加油”，往往也带着满满的压力，只是说出口的人并不觉得。

语言的力量可以抚慰人心，可以伤透人心，也可以变成压力重击人心。

看见别人在困境中，好像就该有点什么表示，即使不是真心的，但好歹对自己的良心有个交代。那些随口说出的、不带真心诚意的“加油”，往往只是为了让自己的良心过得去。

一声“加油”，多么空洞的词句，比“我爱你”更没有担当。

虚无缥缈的“加油”不但无法让对方感受正面能量，反而会让人更加绝望。就好像是因为你不够努力，才需要旁人不停地打气。

看起来最正面的话，却带来最负面的情绪，为什么会这样？

因为，我们总是努力了又努力，却不允许自己喊累。

因为，我们总是不停地加油，却不知道该再为什么而加油，

或是怎样才叫“够加油”。

从踏入社会的那一刻，你总是在冲刺，而且是用尽全身力气的那种。你总在担心，如果不够努力的话，就会被自己的懒散拖累。因此，小心翼翼地不去犯错，并且时时刻刻警惕着。

在还没搞懂要成为一个什么样的大人之前，就逼着自己要装得像个大人——大人就该喜怒不形于色，大人面对难题必须淡定自若，大人吃了再多的亏还是挺起腰杆笑着，不轻易让敌人收割自己的眼泪。

在极短的时间内可以获得一些小小的成就，心里却累积了好多的不快乐。

难道，大人的成就必须拿快乐去交换吗？

你很想知道，在大人的世界里有没有这样一条规则，明明白白地写着：

努力多久才可以喊累呢？

你永远处在以为自己不够努力的焦虑中，好像别人都一帆风顺，但你却总往错的方向横冲直撞。你心里很着急，看着别人功成名就，却不知道自己何时能扬名立万。

但，他跌跌撞撞的那些时候，你可没看见。

但，他贫困潦倒的那些日子，你也没遇见。

像你这样的年纪本来就允许犯错，不然经验如何积累？

不要轻易去定义别人的成功或失败，正如你不希望处在人生暂停键阶段时，就此被定调，列出人生的成绩单。

“努力”这样的事情不是为了对谁交代或讨好谁，这都是为了对得起自己。继续努力下去的勇气不是来自断开一切，辞掉工作去壮游。（一种旅游形式，英文为 Grand Tour，指自文艺复兴时期以后欧洲贵族进行的一种欧洲传统的旅行。如今，这种旅行方式一般发生在工作后，毕竟一段长途旅行需要资金支持的。）那样做并不会让你长出勇气或者更加强大，真正的勇者是会正视、面对生活的人。

生活才是你最大的难关，壮游不是你的难题。

人生才是你最重要的志业，大事业不是唯一。

勇于面对现状的人，最清楚下一步该往哪儿走，即使现在的你身在并不满意的处境。**想要真正喜欢上自己的人生，就要从先喜欢上自己做起。**

“喜欢自己”不应是空泛的口号，喜欢来自了解，要了解自己就要多花些时间跟自己相处。我们一生之中不断遇见一些人，有些人的出现合乎预期，大部分人的出现总在预期之外。这其中，最该遇见的人始终是自己。

当你终于遇见了自己，了解自身的好好坏坏、天真与成熟，就是你人生最好的时候。

因为，这时你的内心力量最强大，不管发生什么事，总能

以平常心看待。只要能笑着面对，没有什么事是不能挺过去的。

你已经明白在一场大雨过后，没有人承诺一定可以见到彩虹。现在的你在雨滴落下的时候，已经不会再急着奔跑了。

你选择等雨停，然后坐下来看看风景，
看看接下来会有什么发生。
你再也不会把自己的开心交给别人评断，
不安地等待着谁的肯定。
你学会了多给自己掌声，
还学会不害羞地赞美自己，让心情放晴。
你决定留住自己的天真，成就自己的成熟。

你的人生就该有自己的模样，就该在不想再加油的时候，勇敢地按下暂停键。暂停下来，耐心地等，等着看看接下来会怎样，再好好思考接下来该怎么办。

难道，大人的成就必须拿快乐去交换吗？

谁该为你的人生负责？

因为有过太多次，以为无计可施的局面却又一次一次化解，养成了你不断鞭策自己的习惯。

那些咬牙切齿好不容易忍过的疼痛，惊慌失措过后，还是大步前进的茫然，最后还是挺过来，就以为没什么难得了自己，什么事都能办得到。于是，不断给自己越来越难以克服的关卡，享受着被逼到临界点后终于突破难关的成就感。

你的力量不断被过度的自我要求掏空，你的勇敢耸立在强逼自己的压力之上。

但在克服过那么多不可能之后，你害怕一旦失败就会被别人认定自认为是somebody了就不再继续努力。更怕被认定——不够害怕失败，才会如此安逸度日。

在朝向不可知的未来努力时，我们一直寻找着那个谁。

那个要对我们人生负责的人，那个要得到他认同、要让他满意的人。

当挫折打击又来，低潮空虚扑来，心中难免浮现这样一个念头：

Who did this to me?

到底是谁，为什么要这样对我？我做错了什么？

我们难免会在某一段时间对自己特别没把握，总觉得自己什么事都做不好。时时羡慕着别人的一帆风顺，却不明白自己使劲掌的舵是否搞错了方向。

永远不满意你的表现、总是以不认同的眼神看着你的，不是别人，而是不停地跟人比较的自己。

只做自己喜欢的样子，就可以常保开心，这是简单到不行的道理，实际却很难办到。只朝着对得起自己的方向前进，就可以变成想要的大人模样，但，这是多么困难的坚持。

当成就成了谈判的筹码，一路坚持的理念被贴上价码，是不是也曾经让你感到迷惘，认为费尽心血的打拼不该变成对价交易。

但人生本来就是一场谈判，押上你所有的努力换来一个合理、满意的未来。只是，直到自己满意之前，免不了会更用力地要求自己。

虽然，这一路上的狼狈与颠簸，都是为了在面对二十年后的自己时，轻轻说出一句：

"我没有辜负你。"

没有辜负自己这些年来的期待。

没有辜负自己一直以来的坚持。

没有辜负自己始终相信着自己。

只是，太用力表现开心的人，也最可能在下一秒就崩溃大哭。

压力总有承受的极限，人总要适时放自己一马。

更具体地来说，做到以下几点，才是真正学会了放过自己。

帮自己的善良定下一个额度，不再无限度地说"好"。

你那些要不要帮忙的挣扎，不想答应又不得不做的煎熬，对提出要求的人来说根本微不足道。

他只在意你是否分担他原本应该自己负起的责任。当你勇敢地拒绝，却被说成自私不体贴，那只不过是恼羞成怒的反击，是他一直以来被你廉价的好意以及他自己的自私给宠坏了。

你说的“不”，并没有对不起他。

接受自己突然爆表的负能量，幽默面对。

这世上所有的事，本来就不一定会在一秒内变得如你所愿。

降低对自己的苛求，拒绝承受过量的压力才能有更好的表现。

乐于当个被讨厌的对象，因为你太耀眼，所以他看不顺眼。

对自以为是宇宙中心的人来说，只要你不容易被他左右，没有随着他运作，情绪被他翻转，即便你再对都是错的。

被这样扭曲的人讨厌，看起来也不是太糟糕。

他不喜欢你又如何？你也不见得喜欢他。

既然彼此都不喜欢，他的情绪又怎么能掌控得了你今天的心情？

给自己一个空白时间，好好享受当下，不再赶进度、求进度。

找到一个可以安心的角落，一段可以喘息的时间，是对自己最大的体贴。

一直以同理心待人也是会累的，不要忙着照顾别人却疏忽了自己。再忙碌也要学会切换模式，让自己有时也可以慢慢地活在时间里。不只是逼迫自己，犒赏、放松自己，专心让自己全然享乐也很重要。让自己偶尔当个时间的富人，不必总是急急忙忙去完成别人的要求。

以前总认为越来越强大才叫长大，却不明白，有时候放过自己，才能继续再往前冲锋陷阵。要懂得接受失败，接受自己是有极限的，让自己还有继续努力的动力、还有继续成长的空间。

明天的担心就留给明天，今天自然有今天的烦恼。

放心自在地去享受一段空白、无所事事的悠哉，在这难得喘息的时间里优雅从容地放空吧！

帮自己的善良定下一个底限，不再无限度地说“好”。

藏了太久的泪

你很久没哭了，因为不被自己允许，也是不喜欢被人记住只是个爱哭的模样。

你活得很用力，做什么总是很尽力，加上不懂何谓适可而止，尤其是在要求自己上，那样的严厉总让人不忍心多看一眼。

不懂得自己的底线在哪里，使尽力气生活着，让旁边的人看了都替你觉得累。

这样苛求自己的你，在上周的一个夜里哭了。

在她离开以后，你把跟她相关的东西都放进了一个小小的箱子里妥当地收好。

她带走了那个许你的天长，你再也等不到什么地久，她好或不好成了别人偶尔提起的八卦，遥远到模糊不清。

你踏实地一个人活着，在一个大到没有伴就容易被遗忘的城市里。

你删除她所有的联络方式，远离她的朋友们，不再轻易打扰，然后意外地发现自己也没剩下什么朋友。

这对习惯独来独往的你来说，倒也不是什么困扰的事情。

你回到一个人的节奏里生活着，过着晴朗舒爽的日子，对于拿回自己人生的主控权还算满意。

但这样的洒脱，却在一个来不及防备的夜里全粉碎了。

那天下班比较晚，你草草打发了晚餐才拖着疲惫的自己回到家。

你向来讨厌黑漆漆的空间，没有一盏为自己亮着的灯，没有那个等着自己回来的人，那样的荒芜让所有曾经的爱情都不算数。

换掉了身上的衣服，把自己丢进舒服的沙发里，却被身后一阵摩擦声干扰，那是刚刚随手乱丢的信件。

你拿了起来，好整以暇地一封封看过去，毫无预警地，她的名字闪进了你的眼中。

你愣了好一阵子，才有办法大口呼吸。

看见她的名字时，你不自觉地屏住了气。

那是一张明信片，是一年前你们一起从日本寄出的。就如同约定好的一样，在圣诞节前几天寄到了，而且还是你自己的笔迹。

在那趟旅行结束之后没多久，你们的爱情也跟着画上句号。她趁你出差的那几天搬空了自己的行李，离开了这个家。

这个房子失去了该有的重心，整个空间突如其来地多出了一半。

她搬走了所有属于她的东西，却独独把你留下了。

她搬走了所有她想要继续被陪伴的东西，除了你。

拿着那张明信片，你的手不由自主地微微颤抖。

你用力吸了几口气，企图让自己镇定下来，但好大的一颗眼泪却在呼气的同时掉了下来。

你哭到全身剧烈发抖，没办法停止。你无能为力，只能袖手旁观自己的伤心。你一直不知道，原来她的离开让你这么悲伤。你一直不知道，她的离开在你心上留下一个这么大的伤口，就算用忙碌、不在乎来掩饰都于事无补。

你没有跟任何人提起过，自然也不曾正视自己的疼痛。你自以为没事，毕竟在她离开以后，你连一滴泪都没掉过。

以为自己够成熟，才能平静地面对失去她的现实。却不明白你只是用麻木逼迫自己去接受，用忙碌粉饰自己的哀痛。

你告诉自己没什么大不了，人生在世谁没被抛弃过几次，总不会因为这样连心都碎了，总不会因为这样连日子都要过不下去了。

因为过日子已经够难了，
就别再拿这伤去放任自己非要铭心刻骨。
因为过日子实在不容易，
脆弱的模样不能够拿来成为自己的包袱。

这些难过伤痛就这样，日日夜夜被一层又一层的逞强与倔强交叠压抑，一看见她的名字就轻易溃了堤，你的男子气概奄奄一息。

你觉得这样的自己很荒谬，却忘了那是因为你不肯善待自己，不肯给自己好好大哭一场的机会。

落泪不是脆弱的表现，那只是因为你逼着自己坚强了太久。

藏了太久的泪，只要一滴就太咸。

大哭过后，你把关于她的一切继续安放在最深的角落，好让突然猖狂的想念有个地方可以去。

不愿面对伤痛只会把情绪过度压抑，成为一头失控的猛兽，不仅容易伤害别人，更会伤害自己。

人最怕的不是受伤，人生在世谁不是带着几个伤疤，安安静静地过着日子。

人最怕的是受了伤，却不承认，不把伤痛说出口，不让旁人好好关心自己。

想哭的时候，就好好哭一场，别再为难自己。

想哭的时候，就让泪流出来。

只要哭得出来，就能过得去。

只要愿意说，就会变成过去。

哭泣，是因为不再逃避，愿意面对人生的难题，只要面对了总能克服得了。

把泪都流出来，把悲伤都倒光，明天的你才有能够继续生活的力气。

真正的坚强不是从来不会被伤害，真正的坚强是就算被伤了又伤，还是能找到继续生活下去的勇气。

落泪不是脆弱的表现，那只是因为你逼着自己坚强了太久。

眼泪的数量

你感冒了，分明不是什么大事，到最后却被搞成很大的一件事。

你好几年没感冒了，真的，好几年。

你特地加重语气在“好几年”。

总是在意一些别人不在意的地方，你对这样的自己有点担心。

你担心找不到了解自己偏执的人，或是了解你在意的点却不懂原因的人。更糟的是你担心会不会遇见正因为知道你在意才特意挑衅你的人。

人心多复杂，相处真累。

听完坐在诊疗椅上的你这一大段独白，面前的耳鼻喉科医生手上的压舌板，尴尬地晾在半空中，不上不下。

他轻轻地朝你的鼻喉喷药，却还是逼出了你的泪。

你曾经听过这样一个说法：

“世界上的眼泪有固定的数量。在这里如果有人哭泣了，地球的另一端一定有人刚收干眼泪。”

不是悲喜总量平衡，而是悲伤不能过量，过量有害地球健康。没掉泪并不代表不伤心，就算是笑着，心里也许正下着雨。

因为我们成年了，就应该是这样，不麻烦别人，不显露悲伤，自己的情绪自己收拾。

三十八岁了，日子被你过得精彩到让人眼红，这样努力的你怎么可能败在这区区病毒手上？

三十八岁了，回头看看那几年正要三十时的意乱心慌，早被这几年学着好好跟自己相处给抚平了。

三十八岁了，再过两年就要四十，你以为自己把自己照顾得很好，直到这场感冒让你病倒的那一刻。

人生就像难缠的感冒病毒，不管你有多么小心翼翼，这一辈子总有办法让你发烧咳嗽几次。

这病毒轻易击溃你多年的防线，好像过往那些风呀雨呀伤呀痛呀都不算数，好像你坚强了这么久都只是假装。

你轻易地病倒了，而且是戏剧化的昏倒。

也不过就是发了点烧，喉咙痛到像火在烧。

你没有让任何人知道，打算下午请假回家休息，这场简报你还是有办法上场的。偏偏就在挤进了三十人的会议室后，大灯才关暗，准备了好几个月的简报在墙面亮起的那一刻，你昏倒了。

安静的空间里，只听得见你跌在地上那闷闷的“咚”一声，接着，就是女同事的尖叫声加上机器运转的“嗡嗡”声。

你辛苦筹划的提案通过了，客户很满意这场昏倒秀，还直言比提案内容还要精彩。

你以为每个人都是这样走过来的，斑驳的岂止脸上的妆，还有原本毫无防备的笑容。一路低头弯腰，捡拾着被捏碎的自尊，踉踉跄跄拼凑起自己还认得的模样。

你靠着事事逞强撑起了自己的那片天，总担心转眼就可能毁在一不小心的松懈里。你卖命地撑住别人眼中的羡慕，带着没有人察觉的狼狈，麻痹地过着日子。

即使都已经快要认不得自己，即使是这样勉强过着日子，我们心里总还是会偷偷地希望着：

就算再狼狈不堪，或许还有点可怜或可笑，也总会有那么一个人觉得我们分外可爱。

而你一直太过坚强，总像是不能输给谁似的拼着命。到头来却发现，那不想输的心结容易扭曲一个人的性格，一不注意就会变得偏激，看不顺眼并讨厌许多事情，甚至许多人。

唯有真正喜欢上自己，才能不怕会输给谁。

因为不用费心比较，也不用担心输这件事。

曾经以为勇敢是什么都不怕，却发现那只是暂时骗过自己的一场徒然，用力按住发疼的伤口，还说服自己一切都是错觉。

伤口从来不会因为忍耐而突然痊愈，人生的困难也不会因为坚持立刻解决，明白了这些的你，这才愿意不逼着自己太过勇敢，才愿意表现软弱。

这些年，你听过了男人们一千个想离开的原因：太独立，太依赖……种种单薄可笑的推托。

你还在等那个离不开的理由，简单到只有几行字：
“因为你是你，我是我。而我的人生不能没有你。”

你在等着那一天、那一个人。
等着那一个刚刚放晴的天，等着那一场刚刚落下的雨。
等着可能是相识多年的他，望着你突然换了一种眼神。
等着也许是朋友的朋友，初相识却有着最懂你的灵魂。

你还在等，始终没有放弃过相信。
相信世上的悲欢总有个平衡，相信世上总有个等着你的人。

因为你是你，我是我。而我的人生不能没有你。

错在太懂事

眼前鲜艳可口的草莓塔正在对你招手，已经排了半个小时的队，你的脚麻到不属于自己。再等一个人结完账，就会轮到你，你开始幻想起草莓塔入口那一刻的感动，肯定会难以忘记。

店员原本流畅的取货结账动作有点停顿了下来，原来排在你前面的婆婆一口气买了五个。

这正是店家规定的每人最大购买数量，你紧张地踮起脚张望，冷藏柜里不多不少，只剩下一个可爱的草莓塔正在对你眨眼甜笑。

店员把婆婆的草莓塔一个个仔细安放，眼看就要轮到你开口了。

就在这个时候，安静窄小的店铺里传出了刺耳的尖叫哭泣声。

"我要吃草莓塔！"

在队伍最后方，一位穿着一身粉红色洋装的小女孩发表了她坚定的宣言，小小的马尾随着她的哭闹左摆右晃着。

为了宣示决心，她不停地放大尖叫的分贝，更是加码落下了几滴晶莹剔透的泪水。

那是最后一个草莓塔了，排了半个小时的队后，下一秒终于就要轮到你。

问题是，你敢买吗？

你敢在众目睽睽之下，买走最后一个草莓塔，在哭闹的女孩面前大口吃掉吗？

这世界上很多事都是这样子的，分明是你应得的，你拿得理所应当，却总觉得哪里失了礼，好像对不起谁般心虚。

你不是不懂那些拉拢同情的伎俩，你也当过孩子，自然知道孩子都会通过哭闹达到目的。但，在那个当下闪过你脑中的第一个念头依旧是：

不要争了吧，懂事一点，就让给她吧。

因为懂事，你的人生一直以来错过了太多事。

因为懂事，好友喜欢上他，你毫不犹豫决定把他放开。

因为懂事，同事推卸的责任，你总是二话不说接下来。

因为懂事，父母的抱怨跟需要，没人搭理只对你依赖。

因为懂事，别人的情绪，总不由分说一股脑儿冲着你来。

因为懂事，你把别人的情绪看得比自己的重要，却越来越不快乐。

后来才发现，你的人生就错在太懂事。

以前急着长大，是以为长大之后，人生就可以有很多选择。

直到年纪稍长，才知道虽然在大人世界里有很多选择，却不代表在这么多选项中，都是可以选择的。

想选的很多却根本得不到，那些不想选的往往不经过同意就任性地来到你身边。

你不但不能什么都想要，让人更沮丧的是，最想要的往往得不到。

人生本来就不会事事如愿，所以你被迫学会了要有第二个选择当备胎，并且告诉自己要心甘情愿地接受。

不吵不闹，总要顾及别人的感受与处境，凡事担心他人的想法，习惯把别人的喜怒哀乐放在自己前头。

你听说，这样叫作懂事。

从小到大不尽如意的事太多，只能学会失望，不抱着任何希望。

还常常告诫自己，坏事喜欢交朋友，而好事总不会是自己的朋友。于是，你选择了最能保护自己的待人处事准则：懂事。

太过懂事的人最不会受到伤害，因为不敢说出自己真正想要的。

没有欲望就没有弱点，别人看不清楚真正的你，却也不会真正喜欢上你。

为了顾全大局的懂事，只能掩埋自己的委屈。

为了顾及所有人的情绪，总是压抑自己的。

在最终受不了的那一天，会毁灭似的宣泄。

在看人脸色看到累了，在等着别人喜欢等到倦了，才终于搞懂，如果要一直那么懂事，就注定你一辈子都吃不到一口草莓塔。

你决定要让自己开始学着任性，让自己相信好事可以接二连三，真的可以幸福。

这一切，就从优雅从容买下那一个草莓塔，并且大口吃了它开始。

为了自己而勇敢

在别人面前表现坚强，往往不是为了获取帮助，这样的人特别厌恶接到任何因为同情而伸出的援手。

这样的人听到笑话时总是抢在第一个笑出来，并且笑得特别大声，为的就是要让所有人知道他过得很好。要强调自己没事，要让别人明白自己怎么都伤不了。

一个人看起来坚强，不见得就经得起被一伤再伤，

一个经常大笑的人，也并不代表在人后不会落泪。

一个人总是在笑，也不代表他真的快乐。

每个人能够承受的压力强度各自不同，我们最能感受自己的为难，却常轻忽了别人难题的重量。

太懂事的人，最怕麻烦别人。

更怕麻烦了别人，还不被当一回事。

但，软弱真的不是什么可耻的事情，感觉吃力也没关系，就停下脚步；实在累了，就让自己休息。

你无须赢过谁，也没有什么成就非得达到不可。

不要把自己想得太坚强，更不必逼着自己要坚强。

我们都只是个凡人，可以喊累，心会感到疼痛，流下的泪是烫的，更重要的是，还可以喊停，可以拒绝，可以选择。对太沉重的压力喊停，拒绝任何的感情勒索，选择自己最想要的生活。

不要以为自己不可能快乐，总要先给自己一个快乐起来的可能。

在你愿意相信自己可以光明正大地快乐后，你会意外发现自己的改变。

你之所以看起来刀枪不入，是因为曾经被伤到体无完肤，而那个曾经壮大了现在的你。

你之所以笑口常开，是因为要提醒自己早已走出过去，而那个过去是你如今美好的基底。

那些伤口在时间的抚慰下，已经慢慢愈合，结成的痂早就脱落，疤痕已经浅到看不出来。那些疼痛都是已死去的昨日，那些失败也早被你学成了经验。

你一开始受到伤害的时候，疑惑的情绪大过不知道疼痛何时会停止的害怕。原来这个世界上并非都是好人，原来不是每个人都会好好待你，原来有些人看见别人落泪时，反而会笑。

你被世界的残酷摇醒、被丑恶的人性吓坏，你不知道自己还能不能再伤得起、还能再被伤几回。

你以前也认为过不去了，只能呆看着自己被绝望淹没、日子只是一天天没完没了的失望。

梦想高挂在失物招领处你却无力攀附，只能随波逐流根本无法救起自己。后来，你开始慢慢好了起来，是因为想起必须要回头看看自己，正视曾经造成的伤口。

你记起来了，心中的那个孩子伤得很重，一直还没有痊愈而且很害怕。也终于了解自以为强悍到无坚不摧，或是假装那些伤害一点也不会疼，都不是解决之道。

唯有真正去面对、去拥抱受了伤的自己才能够走过低潮。

原来，被伤到体无完肤之后，才能成为最坚强的人。

原来，脆弱到无法保护自己的人，终究也会为了自己而勇敢。

那段时间的你不愿意承认自己的难过，也不想面对心中那个总是在哭泣的孩子。你拒绝自己的脆弱，不愿意发泄内心的怒气。

当情绪越埋越多、越埋越深，别人随便一句话都能让你暴怒或陷入低潮，仿佛全世界都在跟你作对。

于是把所有时间填满，希望自己忙到没有空去感受情绪。

于是推开所有关心你的人，抗拒说出自己心里的负面想法。

你后来的安好，是因为终于允许了自己的软弱、不再强迫自己在人前扮演坚强。

你愿意让泪水尽情地流下，一并把坏情绪都带走。

你释放自己，可以不是为了让别人放心而大笑。

把情绪还给自己，不再为了顾及别人伪装自己。

你终于学会了先照顾自己，在急着照顾别人之前。

你终于在跟自己相处了这么多年之后，第一次好好端详了心中的那个孩子。

你终于明白了，安顿好自己的心，就能够有足够强大的力量，从容地面对整个世界的为难。

选择善良不是为了讨好谁

被说善良的人大多底线很低，习惯把自己放在很后面的位置。因为不忍心让别人失望、不忍心伤害彼此的感情和谐，所以事事都说好，不擅长拒绝别人。

更要命的是，你习以为常，以为这样子才是对的。

直到那一天，听到另一个人这样子被称赞，才隐隐觉得不对劲。

那天在餐厅门口等待约好的朋友时，你无意间全程观看了一对母女的争吵。

那是一个亲家见面的场合，原本气氛礼貌而客套。

就在男方母亲称赞未来的媳妇乖巧听话又温顺，跟现在一般的年轻人相比好很多之后，女孩妈妈的回答让女儿不能理解。

“妈！你刚刚干吗那么大声说话，而且很不客气？”

女儿在餐厅门口抱怨着母亲。

“你就只会凶我，我说错了吗？”

妈妈臭着一张脸，而且出口的话越来越大声。

“养了你这么多年，我会不知道吗？你本来就没有特别听话也不是特别乖巧，就只是跟现在一般年轻人一样，有时就是自私地只会想到自己，有时就是只想要为所欲为。”

妈妈停顿了一下又接着说：

“更重要的是你脾气一点都不好，不然，会这样子跟自己的妈妈讲话吗？”

“妈！”

女儿怒气冲冲地大喊一声。

你看着眼前的母女，突然看懂了一切，更听懂了妈妈这样回话的用意。

她是担心，担心自己的女儿一旦被认定为乖巧、温顺、听话，将来的日子肯定会不好过。“人善被人欺”“柿子挑软的吃”，这些话都是有道理的，更别说将来是要入门当媳妇的人。

妈妈的回话，是一种宣示更是一种提醒，这个女孩只是个平常的年轻人，请不要太为难她，这个女孩也是别人的女儿，请务必要善待她。

当今社会大家都越来越害怕被定义成一个善良的人。

善良变成大家唯恐避之不及的个性，即使原本善良也要刻意隐瞒，不能够光明正大地表现出来。

因为我们太明白善良的人会遇上哪些事，因为我们太了解对很多不怀好意的人来说，善良等同于被压榨、被无止境地利用、被理所当然地使唤。

这让大多数原本善良的人，更加害怕自己的善良被人发现，躲都来不及。更不想浪费时间去证明，因为要求证明只是对方想利用你的手段。

“善良”成了一种没得选择的赞美，就好像你没有才能、不具备美好的外貌，所以只好称赞你善良。

但我们之所以选择当个善良的人，原本就不是为了要证明些什么，更不是为了要去讨好谁。

善良之所以会被污名化，就是因为那些利用别人善良的人不知分寸。

这让你疑惑，当个善良的人却并不快乐，难道善良错了吗？

唯一的错，是错在善良却不懂得保护自己，你的善良反而成了弱点轻易被人利用。

善良不是软弱，

在别人一再践踏你的底线时，就应该要强悍地回应。

你担心拒绝伤害了他，

他怎么不担心不合理的要求浪费了你的时间？

你一再勉强自己答应他的要求，却一次次累积了自己内心的不快乐。

当好人是为了自己、因为你本来就是这样的人，而不是为了去讨好谁。

当好人却让自己一点也不快乐，时间又都花在去迎合别人的需求，这样的人生真的是你想要的吗？

在意别人那么多，你有没有同样地在意过自己？

你可以善良且很有立场，你可以善良且很有力量。

你可以理直气壮地选择善良，在乎真正在乎你的人，选择自己想要成为的样子，不害怕别人的批评，不被别人的眼光左右。

这样的善良才是你最该有的样子。

辑二·
成为朋友

不要毫无原则地满足他人需求，
不必一直懂事却满腹委屈。

我不是教你坏

没有人想当坏人，我们都希望在别人心中是个好人模样。只是，这世上的事很多是相对的。

要对别人够好，你必须先对自己够坏。

不管是举手之劳还是刻意帮忙，每个人的时间、能力都有限，一旦要帮别人的忙，势必得放下自己手边的当务之急。等到回过头来处理自己的当务之急时，往往找不到援手。

这样的状况一而再再而三地发生，自然让你怀疑“为别人好”的选择是对的吗？

你在对自己足够坏太久以后，才懂得学会在某些人面前当个“坏人”是必要的武装。

在真正学会当个“坏人”之前，你还傻傻地认为只要时间够久、替别人做得够多，别人自然会明白你也有自己的为难，还能获得别人的体谅。

你就是那种只顾着为别人着想，却累死自己、到头来吃力不讨好的人。自认为付出可以换来同等的对待，却没想到根本不是这么一回事。

一向太在意别人，又担心拒绝会惹对方生气，除此之外，你最害怕的还是拒绝对方后那尴尬的场面与气氛。为了避开这些，你从不拒绝别人的任何要求，就算心中再不甘愿也会勉为其难地答应。

当你太急着讨好别人，一不小心就会讨厌这样的自己。

分明是同事该做的工作，他却老是找你帮忙，久而久之，居然成了你理所应当的责任。

朋友之间的忙你没少帮，但往往你需要帮手时，却不好意思跟任何人开口。

你真的开始讨厌这样的自己，偏偏又无力改变，**每次好心的顺便帮忙，都被当成理所当然的。**

更遇过几次事情完成后，没有达到对方预期的效果，他居然还怪你不够努力，说早知道就请别人帮忙。

你问我："我到底哪里做错了？"

我不想说好听的话安慰你，只能残忍地说："你错在太想要别人的肯定，再加上心太软，见不得别人被拒绝后垮下来的那一脸失望。"

而且就算帮不上忙，你总会特地花时间想别的办法解决。因为帮不上忙的感觉，让你心生亏欠。

"他开了口，就是因为信任我，觉得我可以解决问题。"

接着，你满脸自信、握着拳头说：

"对人开口需要很大的勇气吧？"

看着你一脸等待被肯定的表情，我终究还是狠下心对你说：

"很多人对你开口求助不见得是出自信任，大多数的时候是因为你比较好说话。"

因为你就是一个比较容易被使唤、被说动的对象，他们才会接近你。他们从不向那些勇于 Say No 的人开口，因为他们很清楚多半会被拒绝。

但，不代表勇于拒绝的人就是冷漠、自私，他们只不过是懂得保护自己，明白何时该亮出原则。而且，他们太清楚自己的能力有限。

因为明白自己的能力有限、加上责任感强，答应了就得帮忙到底，否则只是多一个人搞砸，才会从一开始就断然拒绝。这是有原则、有底线的善良。

善良不该是任人予取予求的软弱。

善良不该是一种羞于承认的性格。

每个人本来就应该有自己的态度与原则，而不是为了成全选择退让、为了顾全和气委屈了善良。

表现善良是因为你愿意，独善其身也绝非自私，反而是有原则的明智决定。有很多选择可以展现你的善良，但这些选择都该摆在自己的原则之后。

不停地退让与讨好，并非真正的善良，那是没原则的伪善，只会让贪心的人得寸进尺。

过度的包容不会换来同等的对待，只会教人失去原本应得的尊重。

原则是拿来保护自己的，是在该挺身而出的时候，说出该说的话、拒绝不应该的事。

对于容易心软的你来说，练习说“不”、学会拒绝是件困难的事。

但，在练习说“不”的过程中，要先明白一些事：

那些开口求助的人，并不是你该负的责任。

没有人会因为你的帮助，一夕之间扭转人生。也没有人会因为被拒绝，从此失败并一蹶不振。

成功或失败只是结果，你无法接手他的人生替代演出。每个人都要为自己的人生负责，而不是一味地推卸责任。

在学会拒绝的过程中，最难区分的是求助者的心态。

对方请求帮忙是真的无法独自完成，还是他只是懒得花时间处理而已？太快决定帮忙，或一时心软只会变成明日的心寒。

不如先用拖延战术，坚定且明白地告诉对方，现在没办法，必须等到忙完自己的事，再看看是否有时间帮上忙。

在拒绝的过程中，要清楚地表达：

这件事是对方的责任，而你要等到有时间才会考虑是否要帮忙。

有些人会继续死缠烂打，你可以试着建议他去找别的解决办法，但婉拒的态度必须坚定。要是他还不肯放过你，就只能搬出“苦肉计”，先抢着示弱，告诉对方你都自身难保了，还想请他帮忙呢，让他知难而退。

拒绝别人，从不是一件容易的事，但真正的朋友，并不会因为你的拒绝感到不悦。真正的朋友会懂得体谅对方，并且主动提供帮助，反而在自己需要帮忙时，不好意思对你开口。

如果有人因为你的拒绝而生气翻脸，并且开始疏远你，那就顺势将其列为拒绝往来的人吧。毕竟在他的心中，你不过是顺便就可以取代的工具人罢了。

什么样的朋友值得交出自己

在人际的往来里，有种很难拿捏的距离，被称为“交情”。

你无法正确拿捏可以为对方付出到什么程度，除非真正有事发生在你们之间。

交情的衡量除了两人之间的情感深浅，还得把个性的变数算进去，最后得出来的结果，可能会让双方当事人大吃一惊。

有一种人仗着所谓的“交情”，会毫无节制地对自己人分外任性，以一种“你也知道我”的霸道在朋友之间横行。

他出口伤人却说自己只是心直口快，没那个意思。

他暗地出卖朋友，却说只是一时失手，没那个意思。

“不是故意的”“我是不小心的”“我不知道这样做会伤害了你”。

好像这样解释就可以使他的行为合理化，好像他真的不清楚这些话和这些事不可以做、不被允许。

所谓的心直口快，其实最欺负人。

这样的人总说，自己其实人不坏，只是口快。但你的那些口快，对别人分明已经造成伤害。因为你的口快，要人把自尊出卖，还得被无礼对待。

更伤人的是，如果不能接受你的心直口快，就显得我们心胸狭小。

为什么明明伤了别人，却还能够如此理直气壮？

一句心直口快、一声无心之过的解释，就可以轻易疏解自己伤害别人的负面情绪，被伤害的人却只能哑口无言地全盘接受。

说自己心直口快根本算不上是认错，那只是推托、企图用无心之过包装自己的出口伤人。造成伤害已是事实，别人固然无法逼你认错，但如果不能面对自己这样鲁莽的个性，就无法成长，甚至会再一次伤人。

仗着有交情、用朋友之名来包装自己的人，更是最难预防的对象了。

他不摆明冲着你来，却又摆明了不全然地对你友善。

你以为在他面前最自在，其实他最厌恶你的天真而你却浑然不觉。

你以为他会为你的成功喝彩，殊不知上次扯你后腿的人就是他。

让你搞不清楚他是敌人还是朋友，或者他既是敌人也是朋友。

他不是不明白自己的言行举止伤了你，老实说，每个人的所作所为背后隐藏的恶意与善意，自己是最清楚不过的了。

浮出来的冰山那一角，表现在众人面前的那一面也许是用善意包装着，但海平面下剩余的那百分之九十，掺杂了多少复杂的情绪，日日夜夜在那儿漂荡。忌妒、愤恨、蔑视、不公、仇恨、诅咒，许多连自己都无法说清楚的五味杂陈。这些潜藏的情绪，即使成分不多但仍是可以意识到的，只是不愿意去正视罢了。

你之所以还能够继续当他是朋友，就是因为太懂事。

懂事的人不是没有受伤，而是没有把痛说出口。

一直想要坦白说出来，但对方总是抢先一步说不是故意的，如果不原谅他的话，好像就显得自己太过小气了，也显得自己太不够朋友。

只好接受这一切，偷偷捂住发疼的伤口，不让别人看见。

分明已经生气了，却还是忍住，并且告诉自己其实一点也不在意。

你总以为不应该要有情绪跟脾气，所以只好懂事。

你总以为没人会心疼和在意，只好让自己快点成熟。

于是，你习惯有了心事反而更加沉默，不然就会麻烦到别人。

看起来像是善解人意，但，更大的原因在于自卑情结，害怕看人脸色，总是谨言慎行，小心再小心，不敢随意提出要求，更别说真正发一顿脾气。

凡事包容、大小事都配合，担心多说一句会引来更多白眼。

曾几何时，这些自以为宽宏大度的包容，是来自希望被人称赞的虚荣。需要那些赞美填满内心的自卑，需要被他们需要来证明自己重要。

所幸，这些年吃亏之后，让总是太懂事的你慢慢学会说

“可是”。

在别人提出不合理的要求时、在他们又想要不公平对待你时，终于鼓起勇气说了“可是，我有自己的事要忙”“可是，我有比你的要求更重要的事”。

当对方再次用他的心直口快来伤害你时，你也能够笑笑不当一回事了。

当你发现又被暗箭中伤，但依旧挺起胸膛问心无愧地继续过日子。

早就懂了，除了让自己学会更有本事保护自己之外，也没别的更好方式。

在渐渐变成熟这么多年后，终于明白人要有原则的任性、必须坚持的道理，不必一直当个懂事却满腹委屈的人。

懂事这么多年之后，终于放下了事事为别人着想的习惯，放下了多余的自卑，清楚了面对什么样的朋友才值得交出自己。

懂事的人不是没有受伤，而是没有把痛说出口。

有时坚持不见得会有结果

不得不说有些人就是天生以打击别人为乐的，不巧的是，身边的朋友也可能会有这样的人。

朋友不见得都希望你很好，他有时候会希望你过得再好也不可以比他好。甚至，他对你有较劲的心态，在你得意时，他心里总被乌云盖住了一大半。

人是要经得起相处的，不只是爱情，友情也是一样。

你终于发现，三番两次把你的机会推掉的人就是他。

你终于知道，一直在散播对你不利流言的人也是他。

你气到来找我时，根本不知所云。

韩剧《浪漫医生金师傅》里，有句话是这样说的——

当敌人越要打击，你就要更开心给他看，报仇靠的不是愤怒而是你的能力。

在我看来，**当敌人等着验收你的眼泪，越要展现最灿烂的笑容。**

我们不能要求生命只给我们什么或不给我们什么。面对它的无情与残忍，除了接受，还可以做到转念、化悲愤为力量。

也许你身边总是围绕着这样的人，为了不让他们得逞，我们更不该轻易认输，要努力把他们变成对你有用的人。

他们带来的伤害，哭过以后要学会微笑。

他们等着看你的难堪，就不能让他们得逞。

他们要的就给他们，靠自己再拼回更好的。

在成功做到以后，再衷心地感谢他们给予的挫折与伤害。

为了将来那一天，可以看见他们脸上错愕的表情，请务必告诉自己一定要坚持下去。

坚持的这些年当然很苦也很累人，而且有时候坚持也不见得会有结果。

难免会想要逃避，难免会哀求自己：能不能不要一直这么勉强？

事实上，很多时候我们都逃不过勉强自己这件事。

仔细回想从小到现在，**如果不是曾经狠心地勉强过自己，如果总是对自己心软、好声好气地放过自己，你就不会是现在这个让自己骄傲的你了。**

曾经这样一无是处的自己，幸好有了愿意坚持下去的勇敢，很多事才能做得到。

再说，就是要经历过这些无能为力、无可奈何、不能避免的挫败，才是真实人生。

不必管别人懂或不懂你的坚持，只要自己知道要走的路始终在前方就好。

更多时候，你不是不知道自己要往哪里走，只是想要有人告诉你、想要有个保证，保证自己朝着这个方向走去会是正确的，不会白白走上一遭。

但，人生是无法预知的，老天爷总是严厉的、小气的，它不会提前泄题好让你安心大步前进。

除非你愿意踏上路途，才会得到属于自己的、独一无二的答案。

但，老天爷也是慈善的、心软的，它会在你以为无法坚持下去的时候，送上一片绿洲，让你停下脚步休息，解解身心的疲累。

走过了这一段后，再回过头看，就会发现答案往往不在结果而在过程。

就像是，当你经历了朋友的背叛之后，才能看清谁才是真正关心你的人。

人常常在跌到谷底之后，才会明白自己曾经是多么幸运，才会真正知道自己想要的是什么。

可身在谷底的时候，情绪只有怨恨而已，哪有办法再多想到以后？

人生免不了要经历几次低潮，就算现在输了，也要把输的原因总结起来。

输的原因不见得是你比较差，有时候只是运气比较差。

输的原因不见得改变得了，但失败中总有些课题可学。

更何况，很多时候看起来是输了，也许过了几年以后却意外发现，自己其实赢到了别的什么。

而那些赢得的东西在一开始的时候，被眼泪蒙蔽了，于是视而不见。

要等到又多走了一段路，也许是又来了一场教训——又被信任的朋友背叛了，或者在某一个你没去过的咖啡厅跟陌生人的某一次聊天。

非得要等到那样的时候，才会恍然大悟，想个一清二楚。才会明白**这些经历都是人生给的礼物，你非得走上这一遭不可。**

尊重别人的原则，踩稳自己的底线

地雷多的人常被界定为不好相处，旁人跟他在一起总得小心翼翼，生怕一不小心就炸得粉身碎骨。但，如果是有原则的人反而容易理解，只要他明白地说出在乎的标准与底线，大多都能被接受。

仔细想想，所谓的“地雷”跟“原则”或“底线”，只不过是说法上的不同罢了。只是“原则”跟“底线”听起来理性、条理分明，而“地雷”却有种要一起毁灭的决心，有种悲壮成仁之感。

长到一定的年纪，每个人的地雷大大小小布满全身，如果不事先标示清楚、不明白告知，旁人很难不误触。误触彼此的地雷也许在所难免，只要相互谅解，说说笑笑就过去了，不会放在心上。可最难以避开的，是刻意来挑战你底线的人。

他明白你的地雷、掌握了你的底线，更清楚你的原则，但他偏偏不信邪。不相信自己无法改变你，或者，他觉得这个禁忌很蠢、很不可思议，这样带点玩笑的试探，通常来自身旁的朋友或伴侣。

你不吃香菜、饿了会翻脸，这些个人生活习惯上微小却重要的坚持，非得要亲眼见证地雷炸翻天，他才会相信、才牢记在心。

这些相处上的碰撞，顶多气个两三天就会没事。

在职场或人际往来中，我们更常遇见的是带着恶意来挑衅你的人。

他们刻意去碰触你的底线，摆明就是要你难受。之所以能够得逞，正是因为对你有足够的了解，才能精准地对你的痛处用力踩下去。

知道你的底线才能踩得够狠，清楚你的原则才要故意一把抹去。

因为，他觉得你这样的想法是不对的。

因为，他觉得是为你好。

这样的人可能曾经是你最相信的人，往往也能伤你最深。

一个人不得不长大的时候，是因为要挺身保护自己。

你曾经因为没有划出的底线伤害了别人或受了伤，这些过往他都不知道，也不在乎。

他没有设想到的可能，是你想方设法要避开的危险，他也毫不在意。

他刻意踩踏你的底线，只是想看看你会有什么反应。越是如此，你就越该表现淡定，不让对方轻易掌握自己的情绪。

你的淡定，就是让他最难堪的反击。

他以为可以激怒你，趁机将你一军。

你让淡定救自己不踏进他所布的局，不让他称心如意，不理会他蓄意的挑拨。甚至，尽量远离那些是是非非，专心做好自己该出场的那几个桥段，其他的纷纷扰扰就留给爱挑起事端的人去猜忌。

我们无法控制别人如何评论我们，但可以控制自己不要变

成斗争的工具，不要让自己变成那样丑恶的嘴脸。

勇于秀出自己底线与原则的人，看似难搞反而是职场上最不需要防备的对象。

难搞也是昭告大家他的有所为与有所不为。

不见得每件事都必须迎合，若为了迎合他人而失去自己的原则，到最后也会把自己的尊严一并失去，再也赢不得别人的尊重。

一个成熟、像样的大人，明白将要说出口的话会引爆别人的地雷，即使话已经来到喉头，还是有办法忍住不说。

成为大人后，很少会有人愿意费心告诉你，真正该注意的是些什么。

在真正变得成熟之前我们都害怕冲突，会担心自己不被别人接受，因此，下意识地藏起地雷、抹掉原则、模糊了底线，只希望自己会是他人心中的好人。

所谓的好人，往往就是一个团体里最好欺负的人。

不必硬要把好人的角色往身上套，每个人本来就有各自的原则与底线，被迫违背自己来事事配合，久了就会被不当一回事。

安放好自己的地雷，尊重他人的原则，踩稳自己的底线，昂首阔步迎向那些想象中的人际往来的恐惧，才会把勇敢留在自己身上。

拒绝是为了保护自己

你一直很害怕面对“拒绝”这件事，因为自己总是学不会如何拒绝才可以不伤感情。自己是很怕麻烦别人的，所以开口请人帮忙是很不容易的事，一想到这一点，你就更难对他说不。

对方都开这个口了，你怎么能拒绝他？

你体谅别人的为难，只好为难自己。

朋友、同事之间偶尔免不了伸出援手，但帮忙是有一条界线在的。

这一条最基本的界线就是：不影响别人，不勉强自己。

在帮这个忙之前，最该衡量的是，会影响到自己的工作进度吗？或者早就超出自己能力所负荷的极限，但基于人情压力而不得不勉强接受呢？

我曾经看过一个故事说得很好。要经过一道门的时候，我们都会先打量门框的高低，如果门框够高，当然就抬头挺胸自然地走过；当门框过低，便要低头弯腰，避免自己受伤。

那为什么面对他人的要求时，不事先评估，这个忙自己是不是帮得起呢？帮了这个忙，会不会反过来影响了自己？

如果帮不起这个忙，那为什么不能拒绝呢？

为什么宁可伤害自己也要硬着头皮去做呢？

你说你不是没有试过拒绝，却在拒绝后被对方冷言冷语。

他会说，分明只是举手之劳，也要这么计较。

他还说，就只花一点时间，不愿意帮忙的你真糟糕。

总觉得别人帮自己只是顺手、一点也不麻烦的人，根本不会想到我们是特地抽出了时间去帮他这个忙。

他只在乎省下了自己的时间与心力，还为此沾沾自喜，对于你的付出与牺牲根本不关心。

如果这么顺手、这么不麻烦，他为什么不能够忙完后再自己去处理？说穿了，就是心存侥幸、存心差遣你。

巴菲特说："除非你真的说'不'，否则你的时间，永远是别人的。"

总是不好意思说"不"的你，一天到晚忙着完成别人的进度、做着别人口中的举手之劳，最后却让自己的产值是零。

因为你的时间与精力都花在铺陈另一人的成就上。

更难堪的是，到后来他们原本的责任都成了你的应当，不担下来都成了你的错。凡事都该量力而为，勉强迎合只会招来痛苦与压力。

为了让朋友开心，宁可自己疲于奔命，大小聚会都到场。凡事都答应帮忙，往往到头来却什么忙都帮不完整。原本想要面面俱到，最后连小忙都做不到，忙着讨好所有人，却忙到只剩消耗。

太多事扛在肩上，让心里的不开心持续累积。

你总是担心拒绝会伤害到他的感情，但对你提出不合理要求的人，并没有考虑到会伤害你们之间的感情。

别不好意思拒绝别人，那些厚着脸皮来为难你的人，本来就不是值得花心思与时间往来的对象。

人与人之间的帮助与体谅应该是相互的、有来有往的。学会拒绝是为了保护自己，也是为了保护你们之间的交情。

拿回自己的主控权，要从学会说“不”开始。

当你懂得拒绝，会发现被拒绝却还是留下的人才是真正的朋友。这才知道，真正的朋友不会因为你的拒绝而翻脸，甚至断绝往来。

那些人恼羞成怒不再跟你往来，是因为一开始接近你的动机就只是想要使唤你，既然无法得逞，你对他来说也就没有利用价值，当然不必白费力气与时间继续往来。更是因为他发现你无法轻易被左右，只好敬你三分也跟着退避三舍。

学不会拒绝别人，肯定就会先累死自己。

拒绝是一种尊重自己也尊重对方的态度，适时的拒绝会得到该有的尊重。

学会把拒绝当成一种态度，可以让生活回归到简单、属于自己的节奏，也让你赢回更多原本就属于自己的时间。

被讨厌了反而活得像自己

我们害怕被讨厌，那是不想在他人眼中让自己变成坏人。然而，不管怎么改变，对方还是讨厌你，而且是从生理上的厌恶，没有一丝的转圜的余地。

一开始肯定会很难受，但随着日子一天天过去，你意外地感觉轻松，慢慢看开了。那是一种预期之外的海阔天空，分外晴朗的舒畅。

毕竟，不管原本的你是个好人或是坏蛋，他都不在乎。**因为他就是讨厌你，既然如此，何不开开心心过好自己的日子，活出自己的样子，管他讨厌或喜欢谁呢？**

看开是因为明白，他的讨厌跟你有没有做错什么或是不是无意之间得罪过他都没有关系，单纯因为你这个人的存在，让他不爽罢了。

这是你无法改变的事实，弄明白了这一点，反而让人轻松。

做起事来不必顾虑他开心不开心，不再绑手绑脚，可以跨更大的步子往前迈进。

我们也有自己讨厌的人，很多时候也根本说不上讨厌的原因，所以怎么可能会没有人讨厌我们呢？讨厌一个人不必有理由，就跟喜欢一个人一样，不管他做了什么或没做什么，都会被讨厌或喜欢。

最重要的是我们不能讨厌自己，不能为了讨好别人，反而变成自己也会唾弃的样子。

不管在职场、家庭，还是朋友伴侣之间都是一样的。

担心被讨厌，总是小心翼翼对待每个人，甚至为别人肝脑涂地；自己感动到一塌糊涂，却只换来别人觉得你责无旁贷。

后来实在太委屈，竟沦落成在所有互动关系中最不开心的一个人。当别人都在笑，你的泪没有人会在乎，他们不懂你的苦痛，你的牺牲奉献早被认为理所当然。

但，分明一开始你想讨好每一个人，希望每个人都开心，却想不透自己是哪里搞错了。

你搞错了应该讨好的对象，你最该讨好的人是自己。

你的情绪会感染周遭在乎你、关心你的人，只要让自己先开心起来，大家自然也会开心。

坦然面对自己，知道自己哪些个性讨人喜欢、哪些个性讨人厌。在谈笑中，坦承那些不完美与缺点，再慢慢学着从不同角度看事情，试着让自己放松过日子。慢慢地接受有些人就是会讨厌自己，让日子不再处在被讨厌的恐惧当中。

不再害怕被讨厌并不是完全不在乎别人的观感，更不是自私地只求一己的快乐。

不再害怕被讨厌，是要你放下逼着自己完美的想法，是要你承认也曾看不惯自己的德行。

因此，有人讨厌你也就不是那么意外的发现，有人喜欢你就能更开心地接受。

我们一直以来都被要求符合别人的期待，成绩要名列前茅，要考上第一志愿，要找到最棒的工作，要结婚生子，等等。

每一阶段的人生目标都伴随着别人的眼光，沉重地压在身上，伴着我们一路前进。

一直以来，误以为自己想要的不是最重要，最重要的是别人想要你做到的目标。于是常被挫折感盘踞，好像再怎么努力也做不出让人满意的结果。总是让别人失望，更害怕别人因为失望而讨厌自己。

但说穿了，那些期待本来就不是你的人生目标与真正的梦想，就算你做不到，而有人因此失望了，怎么化解失望也是他们的课题，不是你的。

别人放在你身上的期待落空了，眼光不再集中在你身上，拿掉了那些本来就不该承受的压力，更可以随心所欲地去做真正想做的事，很多时候反而能闯出自己的一片天。

许多后来被传颂的成功者，曾经也是让人失望的孩子，没有朝别人期待的方向前进，没有关心也没有了压力，听从自己内心的声音，反而走出了自己的康庄大道。

不要担心被别人讨厌，讨厌你是他的人生课题，他必须自己去解决，跟你无关。

该担心的是，总是小心翼翼讨好着别人，一不小心就会讨厌自己。

辑三·成为情人

只是想找一块地方，
安放自己的心。

一个人的练习

饭店电梯从三十楼缓缓下降，在即将抵达一楼之前先在五楼停了下来。

电梯门打开，走进来一位穿着白色洋装、长发披肩的女人。她一踏入电梯，整个空间立刻充斥她身上飘散出的香味，那是刚刚沐浴过的一股清香。

把自己整个人埋进电梯左后方角落的你，暗暗吸了一口气，闭目恣意享受这短暂的芬芳。

带着满意的微笑，你缓缓张开眼睛，只看见女人还湿漉漉的黑发中独独一根闪亮亮的白发，任性地张扬着。

"为什么不把头发吹干呢？"

你压抑着心中想要帮她吹干头发的冲动。

"是马来西亚人的习惯吗？"你想。

你常在意一些他人眼中不重要的细节，而这些细节如果不照你希望的样子去进行，你就会坐立难安，浑身不自在。

你无法否认自己似乎有轻微的控制狂的倾向。

出了电梯，只是从饭店旋转门下阶梯，躲进计程车这短短的时间，你已经领教到太阳的热情。

你戴上墨镜，甩了甩头上刚刚被墨镜压扁的刘海儿，也想一并甩掉去提醒女人头发没吹干的冲动。

在车子后座闭目养神，你提醒自己把注意力集中在稍后的会议上。开完这个会，你就可以开始享受接下来两天忙里偷闲难得的假期了。

这趟来到马来西亚开会，原本客户只要求你停留三天两夜的时间，但查看行事历后，发现自己可以多待上两天在吉隆坡走走逛逛，就毫不迟疑地延后了回程。

以前的你可没办法做到这样，以前的你是无法独自一个人做任何事情的。

你本来是不会一个人生活的，不能一个人待在家，因为不知道在家里一个人可以做些什么。

不管房子布置得多么温馨舒适，没人陪伴的空间对你来说，就是没有温度的建筑，而且一个人在家时，强烈的孤寂感会毫不迟疑地吞噬你。

你只要出门一定要有伴，或者应该说你会想尽办法约到至少一个伴。你就这样一路被宠着被惯着，从家人、友人到男人一直捧在手心。

但，**人生就是喜欢用不同的难题来试探你的底线。**

人生从不给予直接的答案，它让好事发生、让坏事也避不开，让你明白自己就是个有无限可能的人。

本来以为可以一起走上一辈子的男人有天突然离开了，只留下一张字条说：

我累了，也别找我，等我想明白就会回来。

你慌了，不知道这是个什么过分的玩笑，一个这么大的人怎么可以说不见就不见呢？你根本没有多余的心力去思考，男人这突如其来的异常举动，是不是因为他遭逢什么变故。

他去哪里了？为什么要离开？发生了什么你不知道的事？需不需要人帮忙？你只知道自己被留下来，被迫面对一个人的日子，而且还失去了另一个人。

你不知道把自己关在家里多久，只知道你见不了人，至少不能在这样狼狈的时候见人。

又过了几天，在你打算振作起来的那一天，你明白要让生活继续，自己必须努力装作平常，平常地上班、平常地过日子。

只是你还是会忘了锁门，还是习惯等着那个高高大大的身影过来帮忙。只是你还是习惯赶回家晚餐，想对他说这一天的好事坏事，等着他好声好气地对你说一切都会没事的。

几年过去了，现在的你养成出门跟临睡前，都要再三确认大门是否锁了的习惯。

是一种从绝境里挣扎着活过来的求生意志，是没有得依靠不得已养成的习惯。

你就是从那个时候开始，被迫独立、被迫学会一个人。

但，也正因为在那样心不甘情不愿的过程里，你慢慢搞懂了一件事，也搞懂男人离开时的心情。

在这个世界上，没有谁是应该为你做什么的，也没有谁是会一直留在你身边的。人生发生的所有大大小小的遭遇，不管是心理上还是生理上的病痛，我们都只能独自承受。就算有人愿意伸出援手帮忙，那也只会是一时的依靠。

依靠只会是一时的逃避，解决不了任何问题。

问题要能够真正地被解决，还是得靠自己。

如果你无法学会一个人如何过日子，就只能一辈子处在会失去谁的恐惧当中。

一个人过日子的练习是缓慢、孤单的过程。

学着跟自己对话、相处，学着从相处中认识自己、懂得自己，然后越来越了解自己、喜欢自己，也就会更加懂得如何一个人过日子。

习惯可以养成，个性可能改变，你就这样从当初那个天真无邪的女孩，在一夜之间学会拨开眼前七彩浪漫的滤镜，直视真实人生最是残忍伤人，却也是最绚烂夺目的色彩。

经历这些年后，那天跟朋友聚会时，没想到有人翻出了一张你的旧照片。

大家指着照片里那个笑得温柔腼腆的你，开玩笑地说，你的眼神变了，从温柔和善变成精明犀利。

这个世界对你做了什么，让你变成这个样子？

你笑着看向那个恍如隔世的自己，完全认不得那个羞涩的女孩。

这个世界对你做了什么，让你变成这个样子？

这个世界用最痛的方式让你长大，让你在苦痛中学会一个人，且再也不会忘记那些经历。

虽然是被迫要学会一个人，但现在的你简直成了单身专家。

越来越享受一个人在家的时光，不管是下班后的夜晚还是周末难得的放空，往往成为你最期待的时间。

当你一个人出门看电影逛街时，更让你深深感觉自由自在、不需要迁就任何人。一个人对自己的人生够满意，也会影响到外显的情绪跟行为举止。

对于不想要的东西逐渐清晰，还能勇敢地说出自己心中的想法，不是以莽撞、伤害人的方式，而是婉转得体的表达。

这么满意一个人过日子的你，有时候难免会担心太喜欢独处的自己，未来的生活里是否会容不下另一个人？

每当浮现这样的念头，你总是乐观地告诉自己：

“爱情的样貌有千百种，有一天，还是会有符合自己期待的那一种出现的。

不太黏，不太腻，一种刚刚好的距离与空间，刚刚好的需要与依靠。了解对方想被爱的方式，也学会给对方需要的爱情。”

这是人生派送给你的下一个课题，你想。

曾经你是个连一个人在家都办不到的女人，想想也真是不可思议，当初的自己根本想不到会有这么一天能如此享受一个人过日子的快活。

这是人生给你的答案，原来你可以做到任何自己想要的样子。

你想起凭着《藩篱》（*Fences*）这部电影拿下奥斯卡最佳

女配角的维奥拉·戴维斯（Viola Davis），曾经说过的一段话：

当我试图成为别人，就是在否定自己。

后来

我才知道

你唯一需要做的，就是做自己。

在成长的过程中，我们都会经历模仿的阶段，也会羡慕着谁，希望自己能像他一样。后来才会明白，现在这个样子的你，也许并不是最可爱、最多人喜欢，却是最像自己的。

而当你真切自然做自己时，来到身边且愿意留下的人，才是最可能陪你到最后的人。

如果你无法学会一个人如何过日子，
就只能一辈子处在会失去谁的恐惧当中。

一起找找幸福的模样

你来找我，带着深深的黑眼圈。

参差不齐的胡楂儿，稀稀落落沿着用力抿成一条直线的双唇生长，今天的你很不寻常，没有往日那样的灿烂笑容。

你坐在我面前已经快半个小时，却只是叹气跟苦笑，什么话也不肯多说。

“失恋啦？”我歪着头看进你的双眼，想看透你的心事。

你终于看着我用力点了点头，接着又是长声一叹，有气无力地低下了头。

你没有想到，以为最有把握的等待，却让自己成为最抢戏的男二号，深受所有观众喜欢，除了女主角。

你是个直来直去的人，对朋友是这样，当然对爱情也是。

喜欢这个女孩一阵子了，两个人很聊得来，在你终于鼓起勇气提出邀约时，她一口就答应了，但同时她也跟你坦白现况：

你不是唯一一个想跟她交往的对象。

年轻漂亮的女孩当然很多人追，关于这一点你也不是没有心理准备。

“我不想太快做决定，想先观察看看你们两个谁比较适合。”女孩一脸天真地陈述着，你努力装作大方地挤出了笑容回应，心却像被数不清的细针扎得发疼。

“当然，如果你会介意的话，我也可以理解。”她用一种受了伤的语气说着这句话，原本迎风飞扬的马尾也变得垂头丧气，沙沙哑哑的声音让你有点心疼。

好男人怎么会舍得让她为难，虽然她自私，不顾及你的为难。

自私这样的事情，只要双方都不觉得困扰，那么，其所造成的伤害，就会被当作并不存在。

她的自私是深不见底的黑洞，你夜以继日企图用爱填满，却成了一场徒劳无功。

为了让女孩放心，你展现君子般的大度主动认识了另一个男孩，你们三人以一种诡异的平衡交往着，维持着一种暧昧不清的关系。

暧昧让你受尽委屈，暧昧让他奋力拼搏，暧昧让她备受宠爱。

度日如年地过了一两个月，你勉强自己把在乎用大方包装起来通通吞下了肚。你一再让步压抑想独占女孩的心情，不疾不徐，不催促她做任何决定。

女孩任性地周旋在你和他之间，你们的宽容让她不需要承担任何一方的心碎与忌妒。她贪婪地接受两个人的好，刻意无视你和他的苦痛，只负责成为这不平等爱情里的胜利者。

因为太害怕失去守在她身边的资格，你逼着自己接受这样的难堪。

维持现状至少表示自己还有机会，没有被判出局。

你以为自己最擅长等待，却没想到她更善于装傻。

你以为体贴与宽容才是爱一个人，就算她的自私让你痛苦不堪。

你告诉自己总有一天可以上场打击，但这场比赛你分明一点把握也没有。

你还是每天乐观地相信，自己总会在最关键的时刻击出制胜的全垒打，不必多，就算是阳春全垒打，就算只有一分打点也无妨。

前两天，传来女孩感冒的消息，你赶去探望，却在女孩家巷口遇见另一个男孩。

“她已经退烧了，我去买些清粥小菜。就算再没胃口也得吃点东西呀！”

他的话中尽是心疼。

你眯着眼睛看着背光的他，很是刺眼。

你心想，自己晚了一步。

捏着手上的花，不知道自己应该要放弃还是继续。

“改天一起骑车吧，听说你经常爬山路。”

他停下了脚步，没头没脑地说。

你有种被摸得太透彻的不自在。

“我知道关于你的很多事，我们无所不聊。她什么事都会告诉我。”

而自己对他却一无所知。

他高举胜利的旗帜扬长而去，迎风飞扬的旗面划过你的脸颊，好痛。

所以呢？听你说了半天，我听不到让你如此沮丧的理由。

“她什么事都告诉他耶，就是很相信他的意思呀！”

看着你没根据的沮丧，我忍不住笑了。

你用受伤的眼神看着我，不明白为何我要如此残忍。

我好羡慕现在的你，我早遗忘了爱得如此盲目与天真的感觉。

很多时候，最在乎的人会被我们最不在乎地对待，我们拼命掩饰自己的在乎，只为了不那么在乎。

很多时候，我们就算爱上了一个人还是会拼命否认，拼命对旁人否认，也不忘对自己撒谎——我没有喜欢上他，他根本不是我的菜。

或者，你会故意疏远他，也会刻意给他一些考验。

你只是想确定对方是喜欢你的，不是那种三分钟热度就离开，而你的心却傻愣愣地放了出去，怎么也收不回来。

说穿了，就是害怕自己又受伤。

说穿了，就是不想期待再落空。

女孩，

你以为自己没有喜欢上他，你以为自己克制得很好。

你的心比你早知道，谁让你提着心在意他每个去向。

你的嘴比你早知道，谁是你那说不完说不腻的话题。

“她以为自己可以从你们两个人之间比较出谁是更好的人，却没发现自己早就偏心喜欢上你。你击出全垒打的机会来了，暂时不要出现在她面前，也不要跟她联络。相信我，她会自己来找你。”

你听着我讲，一脸的不敢相信。

爱情被发现的瞬间是他傻傻地对着你笑，是你眼底心里口中都是他。

爱情是急着在对方面前表现出自己有多好，却常常加倍笨拙到无所遁形。

爱情不是爱上了就有圆满结局，两个人从此幸福快乐这样简单的事情。

爱情是我的好只想让你懂，你的坏我也一并收下。

我们从此就多多指教，一起找找幸福会是什么模样。

我想牵着你一直往前，也许走着走着就看见了永远。

三十岁过后的爱情

看着荧屏上偶像剧里的女配角斩钉截铁地说：

“女人呀！三十岁之前都处在‘学会’的过程，‘学会’过三十岁之后可以凭着本能过的日子。”

你的反应跟剧中的女主角一样，目瞪口呆半天搭不上一句话。

豪迈地喝了一口生啤酒之后，女配角又接着说：

“现在的我呢，就是凭着女人的本能在过日子。”

边说还边俏皮地把双臂朝中央夹紧，用力挤出胸前那一道迷人的马里亚纳深沟。你眯着双眼，恶狠狠瞪着荧屏里那道深沟，下意识地用双手护住自己贫瘠的前胸，也不知道在对谁生气。

那情绪好像也不是生气，而是闷。

心中有一股闷痛感，压得你喘不过气来，你很闷，都已经三十好几，怎么还参不透那句“凭女人的本能过日子”该是什么样子？

但，你确定女人可靠的本能绝对不仅仅是挤出乳沟、露出大腿这种。

三十岁，还没准备好被当成女人，但自称女孩却已经说不出口。

三十岁，正要享受长大的自由，却先被催促着担起大人的责任。

三十岁，以为自己已经太老，还不明白人生的美好才正要开始。

从小到大听过太多关于“到了三十岁，若还是孤独一个人……”种种软硬兼施的恐吓之词，于是在二十八岁过后，就不由自主地慌张起来。

只是，如何应对“长大的慌张”这种事根本没人教，也只好漫无章法地朝着自以为对的方向去做。

起初是先加入了号称可以越来越美丽的SPA会员，在那里有琳琅满目、买也买不完的课程，只为了让自己看起来不像实际年龄。都说要活就要动，所以你也加入了健身房，让自己持续地运动着，并且疯狂报名参加大大小小的路跑赛事。舞台剧、形形色色的展览也排进你的假日规划里，当然更少不了原本就喜欢的逛书店买书、看电影，还有朋友的聚会。

所有闲暇时间都专注于让自己幸福，连朋友介绍的相亲，你都让自己漂漂亮亮出席了。

分明行程排得很满很充实，但你却觉得越来越空虚。

把时间排到这样满、满到没有一点点空间的你，其实被自己逼得很累。

你努力想把日子过得让人羡慕忌妒恨，证明自己将来一定会幸福。还想消除别人眼中的问号，为的是逼走藏于内心的害怕，却换来日渐疲惫的自己。

越想逞强表现不在乎，就会越勉强自己过于用力地去做一些事情。

那太过咬牙切齿用力的模样，却正好显示有多在乎。那太过用力掩饰的失落，只会显得更加狼狈。

就像大笑之后的空虚，狂欢之后的孤单，都衬得曾经太努力要快乐的自己有多不堪。

到了二十九岁这一年，莫名的心慌加倍沸腾。

只要一有闲下来的空当，就会冒出一堆莫名其妙的念头吓唬自己。惊吓时间点常发生在夜晚，当你独自一人躺在空荡荡的双人床上，习惯睡在右边的你，常常望着双人床的左半边就发起呆来。

你想不通到底该多做些什么才能让幸福靠近，也想不通自己到底是做错或少做了些什么，才会一直单身。

你更常在辗转难眠的夜里，好不容易要睡着的瞬间闪过"三十岁快到了"的念头，于是睡意全消，又睁大双眼望着天花板到天亮。

单身对你来说不是惩罚，其实，更像一种与生俱来的体质。

就好像有些人对花生过敏，只要一吃就会气管肿胀，导致呼吸困难；有些人不能碰带壳的海鲜，会过敏到全身红肿发痒。

你认定了自己，就带着这样的单身体质。

你的单身体质让自己对恋爱过敏，只要一谈恋爱就浑身不自在。

不是生理上的呼吸困难或瘙痒难受，而是一旦恋爱了，心理上的巨变会让自己完全不像自己，都不认得那个谈了恋爱的人是谁。

原本独立自主的你，因为几次的已读不回，便疯狂脑补各种意外发生在男人身上的可能。原本懂事体贴的你，却无法忍受他多提了哪个女孩几次，或是顺路送她回家。

对你来说，谈恋爱衍生的麻烦太多，一个人生活相对简单得多。

对你来说，单身才是最舒服、最能够掌控、最适合过生活的轮廓。

虽然满意这样的日子，却还是免不了担心过于习惯单身状态，难道就这样单身一辈子？而且随着年纪越来越来大，会不会就这样孤老一生？

人生是个完整的包裹，包裹里所有的东西都是你要承受的。无法挑选，不能丢弃，你得照单全收。

二十岁的胶原蛋白跟迷惘。

三十岁的成熟美丽跟心慌。

四十岁的白发、皱纹与从容。

五十岁的老花、更年期与淡泊。

你不见得会因为年岁增长而增加智慧，更不见得会懂得如何靠女人的本能过活。但你会慢慢明白自己可以依靠的本能是什么；还会弄懂自己是一个人过日子就能很开心，还是需要有人陪。

人生这个完整的包裹里，你选择了方案A——单身——之后，单身的惬意自在，还有不便的失落，以及偶尔的孤寂也要照单全收。

至于另一个方案B——有伴，那些两个人的甜蜜相依、失去自由，以及争吵磨合也通通都是你的。

想要有伴的女人在三十岁过后，得先搞懂自己适合谈什么样的恋爱。

那些在恋爱后，显露出来连自己都不认得的模样，也是你——某一部分的你。

独立自主就是会跟不安全感并存在同一个人心里。

懂事体贴也并不代表一定要落落大方永远不吃醋。

恋爱时失控的那个样子也是一部分的你，你不是变得不像自己，是因为遇见了他，给了你一个理由放心，放心让那个自己显露了出来。

你本来以为那样的自己不会被爱，才会小心翼翼地把她藏好。

直到这个人出现了，就算全部的自己都让他见识到了，他居然没有吓跑，你这才开始放心让他进入自己的生命里。

你有你人生经历过的风风雨雨，我带着我的伤痕。

明明都害怕着，但我们还是要相爱。

不是那种只有甜言蜜语、风花雪月的爱。

是你在看过我千百样的丑态后，还是牵住我的双手哪儿也不去。

是我在看不惯你的一万种德行后，人生依然最想要有你参与。

这是三十岁过后的女人应该要谈的爱情。

今日坚强的模样

他们是一对习性迥异的恋人，刚刚在一起的时候没有人认为他们走得下去。

尤其是隔壁老王。

你知道的，对于别人的恋情，意见最多的永远是隔壁老王。

事情一开始，隔壁老王对这段感情下了很文青的评论：

“一定会有人受伤，而受伤的人绝对不会是他。”

但两个人牵手一走，一晃眼已过十年。

前两天，一场朋友的聚会上有人提到了这一对。

从当初的难以置信到现在，大家纷纷觉得两个人很合适呀！

酒过三巡，有人分享了目睹过的往事。

有一次，一个白目女（中国台湾地区习惯用语，白目指说话不留心眼，经常因说出事实而伤害朋友）在闲聊时，突然对女人说：

“其实，我很佩服你，明明自己外表还不错，怎么会不介意交往对象的外表。”

平常话就不多的女人，先是脸一沉，没有接话。

“而且，”白目女又接着往下说，“你其他条件也都很好呀！”

这时，女人打断了她的话，慢慢地说：

“难道人跟人之间交往就只是看外表吗？你觉得我很好，那是因为你看不见我的坏。而我的坏全都丢给了他，他一声不吭通通都收下了。”

接着，女人看着白目女又说：

“全世界只有我可以说他坏话，你不可以。”

女人心中很清楚，两个人在一起的这些年，旁人都觉得自己的状况越来越好。独立又自主，轻轻松松就把日子过成了别人口中的完美，总像是一个人也可以很好的样子。

但旁人不知道的是，那是因为自己有他可以依赖。

可以一个人去做任何事，不需要他的陪伴。

那是因为知道了一旦有事，他总是等在那里。

我们总以为自己强大到无坚不摧，全是因为自己一路走来的努力与坚持，是因为自己反复练习得来的勇敢与坚强，却忘记了**很多时候的勇敢，是因为有人可以依赖。**

有人可以依赖，让你不怕面对这世界多无赖。

有人可以依赖，让你痛了就喊出声、哭出来。

有人可以依赖，你伤了又伤却更加清楚明白。

有人可以依赖，让你在风雨后依然等待虹彩。

年少时的坚强带着壮士断腕的悲凄，有着不得不然、舍我其谁、转过身无人能诉的绝望。

我若不坚强，谁能替代我勇敢？

说起坚强总是咬着牙、红着眼，稍微一个触碰就落下停不了的泪。

年少时的坚强夹杂着凄美，边细数昨日的伤疤，边笑着说，那是你不懂的骄傲。

大人的坚强换了一种样貌，不刻意张扬，甚至非常不醒目。

那些收在心里不再说的伤痛，那些像是已经遗忘的曾经，都因为心里有个人可以依赖，而成了不痛不痒的过去。

大人的坚强是明白自己的软弱，在该认错时勇于道歉，承认自己铜墙铁壁的外表下，还是有着最想要为了你柔软的一颗心。

人与人之间说穿了就是“相处”这两个字。

处得来一牵手就是一辈子，处不来只能够走过一阵子。

我们总是把爱情想象得太过美好，以为两个人相处的日子，都得天天像七彩霓虹般璀璨，不然，对不起爱情之伟大。

你曾经因为他努力逗你发笑而爱上他，也会因为他总是想逗你笑而感到厌烦。

到后来的后来，就算对方有一千个让你想要离开的原因，但**那个最后让你离不开的理由，就是你最需要被人了解而他最能理解的软弱之处。**

不管你装得多么坚强，在我眼里你都最柔弱。

你那些张牙舞爪的狠劲，都是拿来对付外面世界的武器。

你无坚不摧、战无不胜、没有弱点的大魔王形象，只是虚张声势的防护罩。

在他面前你胆小怕黑又认生，世道多险恶，他总不放心让你一个人走。

不管在别人面前多独立、坚强、会照顾自己，在他面前你就丧失了基本生存能力。

你这才明白了，是他的包容与接纳，才成就了你今日坚强的模样。

可以安放一颗心的地方

致——

我很珍惜她，我的人生总是很“八点档”，（指晚上八点的黄金时间会播放连续剧，此时收视率很高，因此电视台会播放一些苦情剧等，剧情“狗血”。这里指人生很苦，总碰不到幸运的事。）不论是工作亲情爱情友情，总是伤痕累累，不禁要问是老天在跟我开玩笑，还是幸运之神忘了我，抑或是命运之神打了个盹呢？

但是我真的很谢谢她，有她的出现让我好安心。

好久不见的女孩，原本圆润的脸蛋因为独自一人在异乡生活，磨炼出了一些坚毅的线条；以前总是怯生生的眼神，现在投射出如阳光般耀眼的自信。

特地空出的星期日午后，我们聚在一起天南地北地乱聊。

聊她在工作上遇见的坏同事，当然也聊起在分开的这一年里，她所谈的那几段以分手收场的恋爱——就算人再好还是无法爱上的、宣示要找到一百分的女孩而与她断了往来的，以及以为双方会步向结婚却因为对方不合常理的要求让她却步的……

听她叙述着自己的故事，令我想起《纽约爱未眠》（*Before we go*）里，灵媒面对迷惘的女主角说的话：

You can't allow the people you love to determine how you love.

你不能任由你爱的人决定你如何去爱。

在爱情里，我们总免不了会有想讨好对方的念头，以他想要的方式表现，好让他感受到自己有多么爱他。

只是，如果这样做会让你不舒服、不快乐，有可能还会伤害到自己，那就是不对的。不管有多爱对方，不管这段关系对你来说有多重要，更重要的是在这段关系里的你开不开心。

当初愿意开始一段爱情，不就是为了要让两个人都快乐吗？

在人生的道路上，你做什么样的决定，决定你是个什么样

的人。

在一段关系里面，你做什么样的决定，决定了这段关系的好坏。

如果一个对象他不会消化自己的情绪，动辄以语言暴力对待，又或者他因为你的身世不够显赫而看低你。

在你们之间有一些相处不来、无法处理与沟通的困难。

你会决定无视这些继续交往，还是毅然决然画下句号？

这是个困难的决定，如果你相信爱情可以战胜一切阻碍，决心要留在他身边，那你该要先厘清的是在这段关系中，选择留下的你对得起自己吗？留下来的自己，真的开心吗？

那个很多年以后的自己，会感谢你现在所做的决定吗？

我们都不是什么举足轻重的大人物，做出的决定能够对得起自己就好了。对得起自己会成就一个独善其身的自己，小小的善心日积月累会成就大大的善良。

人的善良要出自不后悔的真心、不委屈的自己。

毕竟，我们总得留下一个不后悔的人生，才对得起这一路上这么努力辛苦的自己。

她说，被离开中国台湾前谈的那场恋爱伤得那么重之后，一度以为自己没有办法再去爱人了，于是她决定被爱。

被爱，被动接受对方的好，不那么喜欢他，是不是也就可以不那么容易被伤害？但是，在被爱的那几个月里，心中总是隐隐约约藏着不安。

她很清楚这不是自己想要的爱情，那段时间活在害怕里，害怕自己变成加害者，害怕自己总有一天会辜负对方。

即使被伤得最重时还爱着那个渣男，被无微不至地呵护疼爱时，却完全感受不到“爱”的存在。

因为这不是她要的爱情。

几年前的她在爱情的折磨里粉身碎骨、完全死去，那时的她不明白爱是什么，对方怎么可以如此伤人却又毫无歉意？

那段伤害改变了天真的她，却也让她在下一段的依赖关系里认清了自己。无论如何还是要用力去爱，不论他对自己有多好，还是无法勉强自己跟不爱的人在一起。

这样的她来到另一个异乡开始生活，谈了几场无疾而终的恋爱后，整个人豁然开朗。

“我不觉得自己虚掷光阴，正是因为经历了这些，我才明白自己还能够爱人。”

她用最健康的心态去面对失恋，现在的她让自己暂时先停下来，接下来不管会发生什么，不管是好是坏她都能欣然接受。

人生的道路上我们都是独自一人缓缓前进，有时难免会觉得孤单，好像看不见明天。偶尔会出现愿意与我们结伴同行的人，同行的那一段路或长或短。

有些人的出现，只是为了陪我们走过那一段路，只是为了让我们明白什么是错爱。

当走到该放手的路口，难过总难免，不舍也会有。

但，这就是成长。

成长会让我们失去一些人，再遇见一些人。

没有人是一眨眼就来到了今天，一路上所落下的每一个脚印都是重要的曾经，这些曾经慢慢累积，成就了今天的我们。

今天的我们还有着昨日的样貌，却又有些不一样了，所幸都还认得自己。还认得坚持善良的自己，还认得继续努力的自己，还认得想幸福的自己。是这样像变了又像没变的自己，支撑着我们走了过来。

因为那些昔日同行的人，我们多多少少有了些许改变，生命也因此有了不同。

后来的后来，还是各自继续往前走，我们一度是彼此眼中最璀璨的风景，现在早已成为生命里黯淡的光影了。

到了最后的最后，我们总会搞懂自己真正想要的是什么。

你只是想要找到一个地方，是可以安放一颗心的地方。

不必当个成功人士，你更想找到真正的自己。

你想遇见一个人，让你懂得谅解比互相了解重要。

你想要每天都有个可以回去的地方，以及等着你回去的人。

你想遇见一个人，让你懂得谅解比互相了解重要。

我们没有在一起

日子在过，人在变老，你大概也在心里藏着一个总是不走的人。

而且，你们没有真正在一起过。

你常听别人说很多事以后就会懂，但是到了现在很多事依旧不懂。

你还是只会直白地谈恋爱，跟十八岁那年一样。

喜欢就大笑，讨厌就臭脸，不懂得耍什么心机或手段。

你总不明白在大人的世界里，讨好别人比把自己搞好来得重要。也无法接受在大人的世界里，不必是个老好人，他们要的是自己人。

但是你学会了，不必让主管喜欢你，而是让他需要你，让他不能没有你。

你一直以为不管世界怎么变，自己是不会变的，后来才知道每个人不可避免地都会在成长的路途中，慢慢地把自己变成另一个人。只是要在很久以后，才会在某一天发现而已。

后来的我们变成另一个人的样子，有时候连自己也不见得会喜欢，你只是必须学会去接受改变后的自己。

十八岁时的你不知道那叫爱情，你不知道为什么看见他就笑个不停，你不知道他为什么总是欺负你。

你喜欢他，因为他穿牛仔裤特别好看。

你喜欢他，因为他低沉的嗓音把课文念得让人特别想读。

你以为没有人知道。

你以为没有人知道，因为他，你开始觉得青春不再那么苍白。

你以为没有人知道，因为他，考试的压力转化成用功的动力。

你过了很久以后才知道，那时候大家都在猜，后来的你们有没有在一起。

离开学校后，你被迫打起精神快速长大。

你去了一个陌生的城市打拼，老朋友都离你很远，新认识的朋友就像登陆地球的外星人，总是讲着一些你插不上嘴的话题。

本来爱笑爱闹的你，在这个疏远的环境中，学会了一个人安安静静地过日子。

一个人生活惯了，并没有什么太害怕的事。

人都是被宠出来的，你说。

自己一个人这么久了，谁不会偶尔跌个跤，时不时受点伤。

身边没有心疼你的人，泪流下来没人会舍不得，自然也就不觉得自己受委屈了。

谁的日子不是这样咬着牙忍耐着过来的？

谁的生活里没有过一些旁人不懂的心事？

你后来搞砸了很多段恋情，每搞砸一段，你就会想起他的笑脸。

想起他捉弄你，被你恶狠狠瞪着时开心傻笑的样子。

那时候的喜欢好简单，有他在的日子里天天都放晴。

但，你无法再那样去喜欢一个人了，什么也不必多要，只要天天见到他就好。

那时候的喜欢很纯粹，因为你们还来不及好好认识彼此。

那时候的喜欢也很脆弱，一个误会就让任何解释都太迟。

那些年的日记里写的都是他，猜的都是他的心事。

那些年的努力都是因为他，为了要让他也喜欢上自己，才努力让自己变得更好。

他在不知情的状况下，成为了自己想要变好的力量，要好到没有遗憾可以凭吊。

你说，幸好后来没有在一起，至少现在回首青涩年少时，还有个人能让自己单纯地想念。幸好后来没有在一起，让你始终保有对完美爱情的幻想。

你一直相信，自己曾经有那样的可能，可以谈一场很纯净的爱恋，如果当时的自己够勇敢。

你一直对恋爱保有乐观的想象，你一直相信光是那时错过他的可惜，就足以让老天爷弥补给你另一个好人。

现在的你，找到了那个不论放晴还是下雨都会陪在身边的人了。

你，遇见了这样一个人，让你敢期待未来，每一个有他的明天是你最想去的地方。

你不再像十八岁时那样不敢喜欢，怕真正的自己太差。

你不再像十八岁时那样一直逼他离开，那样就不会被抛下。

原来，不必总是坚强，被呵护也没有关系。

原来，就算吵了架，还是可以一直走下去。

你答应了十八岁的自己以后一定要幸福，而现在你有了愿意一起努力的另一双手，要牵着你一起做到。

身边没有心疼你的人，泪流下来没人会舍不得，
自然也就不觉得自己受委屈了。

你一定很挑

习惯自己一个人比较难，还是习惯另一个人比较难？

有了伴之后，再重回一个人的状态，你过了很长一段不开心的日子——太习惯身旁有伴，很不习惯没有人陪。

你不习惯，回到了家整间屋子都是暗的。

你不习惯，懒得出门时，没有人张罗食物。

你不习惯，没人抢遥控器及舒服的抱枕。

你不习惯，少了可以取暖的人。

太多太多的不习惯，充斥你恢复单身的每一天。

独处的时间太多，夜又太长，你常常不知道怎么消磨，那段时间的你特别害怕一个人。

你说，在一个人的空间里，好像随时会被自己的孤单吞没，好像就这样消失了也无人发觉。

那天，你突然被带去联谊，男男女女在长桌上一对一对坐着，本来刚好四对四地配对，却在业务部的辣妹亮丽登场后，你毫无意外地落单了。

隔天不经意听见了女孩们的对话，才知道辣妹本来是去不了的，自己是被拉去凑数的。你明显就是多出来的那一个。

你突然想起上个周末去买家用品，结账时，店员跟你解释起满额送的活动。

“只要再买超过四十块钱的东西，就可以多一张二百元的礼券哦。”

店员甜甜的嗓音与二百元礼券加总起来的作用，让你毫不犹豫伸手拿起结账柜台旁的电池凑齐了额度。

你就像那两组电池一样，只是为了凑数用，当初根本不在购物清单中。

想到这里，你咒骂起单身，咒骂那些骄傲于自己单身却鄙视你总是孤单单一个人的人。

只是，一个人的日子还是照样要过，总不能因为雨后不见得会有彩虹，就不再抬头望向天空了。

单身的这些年，旁人最让你困惑的一句问话是：

“你一定很挑。”

说这话的人语气总是格外肯定，就像一眼看出你是个女人的那种肯定。你困惑的，倒不是自己是否真的因为太过挑剔才单身了这么久，而是这根本是无解的一句话。

要回说“对，我很挑”吗？天知道，根本不是那么一回事；但回答说“我不挑啊”，又像拐了个弯在说自己很随便，这也太对不起我生命中曾经出现过的男人们了。

“只是随口说说的一句话，何必认真！”

朋友这样劝你。

你也没办法，自己就是这样容易认真的个性。

因为太认真，你一直以为最后还是会跟他在一起。

那个当初分手时说会一直等你、有多爱你，后来还是娶了别人的男人。

你很确定自己单身了这么多年的原因，不是因为挑剔。

单身的这些年，年纪又大了一些，你变得更难相处，是因为太明白应该把时间和精力，多花在真正重要的人、事、物上。

你懒得再去迎合谁，你终于学会把自己的需要，摆在别人的需要之前。

你是越来越不容易妥协，不是越来越挑剔。

你只是念旧，也是一个需要事先有准备的人，希望凡事都能照自己习惯的模样存在着。

但这个世界上的节奏越来越快，没人有耐心理会你的缓慢、一成不变。

没有办法承认的是，你对失望的承受力越来越弱了，才选择了独处，不再勉强自己一定要跟任何人都合得来。

让你意外的是，**因为坦白面对自己的种种弱点，反而让你更加理直气壮敢跟世界对抗了。**

活出了自己的频率，享受着自己难懂的坚持与慢条斯理的步伐，这样的从容自在让你慢慢爱上了独处。

年轻时的你害怕独处，总急着想把时间填满，现在反而喜欢自己一人放空的时间。从不习惯落单的茫然，到把单身的日子过得满意又自在，又进一步变成抗拒再让另一个人进入自己的生活。

不习惯没有人陪的日子已经过去，现在的你开始担心起身边再有人的话，日子该怎么过。

你不再害怕遇不到那个对的人，现在的你更害怕的是那个所谓对的人，一旦进入了生活，会变成对你干涉过多、想改变你的人。

也许，年纪变大了不会比较明白，自己想要的是一份什么样的感情。

但是，经历了这一段焦躁不安的日子后，你比较清楚自己不想要的是什么。

不想为了一份爱情，改变了原来的自己。

不想为了对别人有所交代，就结一场婚。

你不需要一个财力雄厚的对象，你更想要能一起讨论柴米油盐该怎么处理的人。

这个人不能光是因为你够坚强独立而爱你，更要能在你最软弱的时候毫不迟疑地接住你。

被懂得、被了解，有时候是来自简简单单的这样几句话：

不管你多坚强，都可以在我面前软弱。

我不会不耐烦，不会嫌麻烦，你可以放心地在我面前做自己。

你不必时刻伪装，他也不会因为见到了最真的你而吓跑。

你们愿意放手给对方自己的空间，也要一起走到最远的明天。

你终于学会把自己的需要，摆在别人的需要之前。

你为谁坚强

致——

时间过了一年多了，某日她传来讯息：你好吗？

我崩溃了，但还是得要坚强。对我来说，她完美无瑕，虽然都过去了，还是希望她能永远幸福。

是我迷路了，而且我的导航也不在了，但我相信自己最终也能成为导航。

有一种人因为不懂得可以依靠，于是从很小的时候就只懂得坚强。

坚强，对他们来说不是一种习惯，而是经过选择后得来的结果；其实是根本没得选，坚强是应该做到的日常。

你从不抱怨，心知肚明自己别无选择。

但，人都是这样子的，你的强项往往也是你最脆弱的地方。

人人都说你懂事坚强，于是人人都依靠你。

你总是在照顾别人，担心别人好不好，却没人担心你好不好。

他们习惯了你的坚强，就以为你不需要任何人，自己一个人也能够很好。

你的无助成了无处可说的心事，这样的心事就只能一天天慢慢腐蚀着自己。

你甚至不知道自己哪里出了错，让日子过得这么疲惫。

你不明白自己错在说不出口，错在不让人知道你也会脆弱。

你不奢求别人的安慰，觉得麻烦别人不对，依靠别人太狼狈。

你曾经以为自己很懂得一个人在漫长漆黑的隧道中认命前进，并且朝着没有把握的未来努力。当努力了太久，却看不见远方有光亮的出口时，只要一个突如其来的小小颠簸，就能轻易地绊倒你。

人生中这样一个小小的坑洞自然是难不倒你，会让你倒地不起的重击则是这一路上走来的孤单，不知道还要坚持多久，这些纷纷扰扰压得你动弹不得。

更加沉重地压在肩上的，还有你那不轻易让人看见的倔强。

人生的未知与风险，正是它最要命且充满刺激的地方。

就算不能总是走在最安全的路上，就算难免会受伤，我们还能够乐观地前进、期待着未来，是因为人与人之间陪伴的力量。

每当最绝望的时候，总会有人传递过来温度，让我们知道自己不是一个人在奋斗。如果你总是不让别人知道自己需要帮助，那双手又怎么知道要在哪里接住你。

你以为不示弱就代表自己够坚强，却没想到这样的好强，只是强迫自己面对过大的压力。

真正的坚强是坦白承认自己的脆弱与害怕，正视它，释放它，再去面对所有该面对的一切。

人生每一道伤口都来自我们经历过的事，岁月是支彩笔，会淡化疼痛、美化记忆，把曾经的伤害变成让后来的我们笑着提起的故事。

我们不停地被时间改写，从逞强、不甘示弱，到懂了坚强是经历过脆弱的人才能够撑起的气势。

当别人总在期望你无坚不摧，随时准备好要解决他们的问题时，只有你最该懂得何时该放过自己，适时地善待自己。

哪怕别人再为难你，你都不该为难自己。

因为明白了这一点，你会更加坦率地面对人生。

因为你终于明白了，当人生的滋味混杂了泪水的咸度，会有一种刚刚好的甜度。

用坦率的态度轻松度日，当爱情不请自来时，你也会懂得可以不要那么独立，偶尔依赖别人也无妨。他不会因为害怕麻烦而走掉，独立的你也该学着喜欢自己在爱情中不独立的样子。

依赖别人不代表就失去自己，麻烦别人更不是什么丢脸的事情。

爱情大过无谓的、不值钱的面子，在爱人面前好面子是多余的。

可以做自己的恋爱，是你可以放纵使坏、耍无赖。

可以做自己的恋爱，就算不那么独立，你也还是你。

可以做自己的恋爱，是不怕示弱，也接受他的脆弱。

可以做自己的恋爱，是你忙你的我过我的，我们还是可以各自精彩地活着。

独立中的不独立，依赖里的不依赖，这正是你最想要的爱情的模样。

幸福有时会迟到，更会迷路

如果幸福会迟到，你愿意等它多少时间，给它几次迷路的机会？

你终于决定结束一段婚姻的时候，已经快四十岁了，是个大家觉得应该要安分了，人生的目标要放在其他地方，而不是再奢望会有爱情的年纪。

也许男人就是吃定这一点，在这段婚姻中，他懒得为继续好好相处而做出任何改变。他以为维持现状就是幸福，却不明白这个现状并不是你要的幸福。

幸福始终是两个人的事，而你要的幸福从来不是别人眼中的羡慕，你要的是自己内心的踏实。

在那段时间里，为了维持别人看见的幸福，你过着总以为过不去的每一天。

在下定决心之前你不是没有想过，这一转身，可能让年近四十的你再也找不到人陪。

但，对于当时的你来说，孤单过完剩下的这一辈子，并不是让你最害怕的一件事。

让你最害怕的，是明明身边有人陪却令你更孤独。
你孤独得起，最不想两个人却是孤独加倍。
你孤独得起，多个人不该只是表面的安慰。

你不知道曾经想要走到的天长地久，怎么会走成一片荒芜。

你不清楚是在哪个转角，你们松开了对方的手，让幸福迷了路。

你只知道，两个人在一起不该只是为了可以相互取暖，或作为他人的模范。

两个人在一起，应该是我的人生再也不能没有你，应该是最想一起为幸福而努力。

你对自己生气，无法谅解自己——怎么会把人生过成这个样子？

日子是自己过的，心酸也是自己在承受。

一个人对自己最简单的责任，不过就是要让自己快乐，而你却这么失败。

那段时间的你很不像自己。

总是会有那么一段时间，我们觉得不像自己。

过着不满意的生活，做着不开心的工作，跟不怎么喜欢的人在一起。

也许是累到不愿意再徒劳无功地努力，或是消极地希望有个被什么拯救的可能会发生。

那时候的你忘记了，以前满怀希望一定要跟最爱的人在一起一辈子。

那时候的你，每到世界最安静的时候，只剩下你和影子的悲伤对望，而你们却相对无言。

你躺在他身边，不确定自己留下来是不是因为习惯。

你躺在他身边，心远在天边，他的悲喜再与你无关。

因为习惯，你决定纵容他漠视你的伤心。

因为心软，你选择对自己残忍，留在他身边。

你其实也搞不清楚，你们是在什么时候走散的，但你很清楚是在哪段时间把自己弄丢的。

是从你不愿意好好面对自己，不愿意承认自己不快乐开始的。

你把自己弄丢，又漠视一切，别人也就理所当然无视你的伤心。

日子还能够更坏吗？再坏也坏不过自己弄丢了自己。

过了好久好久之后你才弄懂，**过去那种自以为是的牺牲奉献，只会感动一位观众，那就是你自己。**

你以为迟疑着不离开是对他好，却不明白，这才是最疼痛的凌迟。既然迟早会走的，何不给彼此一个痛快？

先提出分手的人并不表示不会痛，只要曾经爱过，心就会疼。

提出分手的人的痛，是预先难过了许久。

被分手的人的痛，则是事后难过了许久。

你在四十岁那一年，又回到了一个人的生活。

你在四十岁那一年，终于再一次让自己快乐起来。

你明白了让自己开心、对自己好并不是自私，那是所有关心你的人小小的希望。

而那个结束了的曾经，也许还做不到当作人生一个不小心的摔跤，但你不会再把它当作身上的一处缺陷了。

我们无法提早知道而避免那些错误，但可以做到的是，在未来，再有个人出现时，安抚自己不要怯场，提醒自己不要把过去的伤害硬塞在将来可能出现的幸福手上。

当那个人带着迟到的幸福来到你身边时，也许，你还是会迟疑，以为一辈子太长，没有把握能不能一起牵手。

到时，你不妨告诉自己，只要用心让两个人相处的时间开心得像是只有一秒钟，舍不得结束；贴心得像是过了一辈子，最懂彼此的需要。

然后，一起快乐，一起迷路，一起试着走到最遥不可及的未来。

一起去到每一个有彼此的明天看看，这迟到的幸福能带着你们去到多远的海角天涯，去见识那传说中的海枯石烂。

两个人在一起，
应该是我的人生再也不能没有你，应该是最想一起为幸福而努力。

是谁说一定要长大

晚上医院的诊室特别冷清，一个个疲惫不堪的上班族在候诊室蓝椅子上各据一方。

你的高跟鞋清清脆脆地敲响了地板，匆忙赶到自己挂号的医生诊室，大门居然敞开着。你心里觉得不妙，以为医生已经离开，才探了探头，护理师就开口跟你要了健保卡（中国台湾地区的一种医疗保险卡），拉开浅橘色的帘子让你坐定，连等都不用等。

帘子一拉开，年轻的女医生正对着你微笑。

真是太幸运了，你心想。

“嗯，你有蟹足肿体质，这个疤如果不处理会越长越大。”

听着说明，你怀疑起医生是不是偷窥自己的生活。

你心中的确有个一直不去处理的问题，越长越大已压迫到你呼吸困难。

在门诊打了针，你往迷宫般的院区里钻，企图找到交费的柜台。这医院大到你不停地迷失方向，连找到一个可以交费的地方也十分困难。正忙着定位方向时，男人的简讯跳了出来。

“在哪儿？”

“看医生，你忘了？”

你心中浮现一股不满。

“记得。我刚下班，巧遇了阿强。”

接着你的手机就沉默了，动也不动，一片死寂。

就这样简单一两句，像担心被唠叨的母亲责骂的孩子，草率地交代了行踪。

连你看医生的结果都没问，更别提关心你晚餐吃了没有。

在一起七年了，你一直觉得男人没有长大。

你们在青春飞扬的灿烂季节相遇，火速陷入热恋，总不吝啬展现让人羡妒的爱情。

然而，烟火只在夜空里灿烂，而曾经灿烂过的记忆，通常一个夏天过后就会被遗忘。

回过头再看看，当时曾经有过什么样的心动或甜蜜，只会让人觉得太过吃力。

那一条分界线不知道是在什么时候被偷偷地画出来，分开了当时只是单纯爱着、笑着的两个人，跟现在一起平淡度日的两个人。

后来，愿意继续在一起，已经不光是爱或不爱这种当时觉得要命、如今笑称简单的事情了。

当爱情活进日子里，你有时候会宁愿不曾见过他早晨起床时的模样，虽然那曾经是你觉得最幸福的时刻。

当爱情活进日子里，你时常会觉得累，这样的疲累总有一天会爬满全身，攀附住你，动弹不得。

你累到连多说一句都没有力气，累到已经不想吵架，甚至不想见到他。

但你没有不爱他，你是很累地在爱他。

但你没有想放手，你还是想在一起。

你对爱情倦怠了，却还是想弄懂他。

你跟朋友抱怨过，他拒绝长大，而你随着日子一天天过去却必须长大。

人总得要长大的，要面对人生所有该面对的。

你认真过着生活，他却总是随遇而安。

你积极计划将来，他宁可走一步算一步。

他没有变坏却也没有变好，他只是待在你们认识时的原地，动也不动。

就算姊妹淘们同仇敌忾地指责他，也没有让你比较好过，倒是你的闺密说的一番话，让你放在心里想了很久。

“分明是你想逼他长大，自己才能一直当个孩子的。”

如果可以选择，谁想要长大？

每个大人心里的那个小孩一直都在，每时每刻都在大声呐喊着不想长大。

小时候以为的长大是多么光鲜帅气，谁警告过生活会让你累成一摊烂泥？

小时候以为的长大是多么惬意自在，谁提醒过梦想有可能会被自己放弃？

是谁说一定要长大？

是其他装成大人模样的小孩，要求我们要跟他一样装扮。

装作大人样，配合大人的游戏规则。

大部分觉得自己应该长大的小孩接受了，像你。

而他，抗拒了。

你在回家的路上，边躲着毛毛细雨边胡思乱想着，突然眼前出现他着急的身影。

“你怎么会在这儿？”

没说出口的话是，不是丢下我去跟人吃饭了吗？

“我猜你从医院回家会经过这儿，所以就在这儿等你，你都没注意手机哦，不是说了要跟你一起吃饭。”

男人轻轻捏了捏你的鼻头，你突然一阵鼻酸。

“怎么了，医生怎么说？打针了还是有开药吃？”

男人看你突然红了眼，紧张地追问。

你猛摇头，只想把脸埋进他的臂弯里。

“饿了吧？去喝碗猪肝汤帮你补补血。我下午去大哥家看过你妈，帮她把手机的问题搞定了。”

他一边说一边牵起你的手，你只能一直点头。

当爱情活进了日子里，已经不是开不开口说我爱你，而是因为爱你才总是把你的事摆在我自己之前。

当爱情活进了日子里，已经不是天天都见面的黏腻，让我保有自己的世界而你有时想进来也很欢迎。

恐怖故事听多了，好像一抹开起雾的浴室镜子或是浴帘一拉开，就会有张鬼脸或是一把剃刀等着自己。

爱情对你来说就如同恐怖故事，你总是等待着恶鬼跟坏事找到自己。

那个被曾经的爱情伤透了、一直没有好起来的小女孩窝在角落看着你。

“早就跟你说过了，我们不会幸福的。”

话一说完，她走了过来，牵着你去到角落一起躲着。

“躲在这里最安全了，一定不会被找到。”小女孩说。

“没有人找得到，包括幸福也不会找到我们。”

你突然明白了，你一直想证明自己不可能会被爱，不可能会幸福，注定要被抛下。

所以，你开始找他碴儿。

你对他说，他根本没有长大。

你的责怪越来越大声，只是想证明比起男人你长大了，你会懂事、会体贴、会好好听话，可不可以不要离开你。

一直被说没有长大的男人，其实长大了。

长大的理由跟动力，是他爱着的这个女人。

不愿面对争吵，你以为他总是油嘴滑舌带过。谈到两个人的未来，你觉得他总是闪烁其词。

但，情绪这件事，男人平常原本就不专精。一旦遇上了，他们会比女人需要多一些时间处理。

在准备好肩膀去扛起一切之前，还是习惯嬉皮笑脸地说着一些不着边际的鬼话。

男人最怕的就是麻烦，只有放你在心上时才能不嫌麻烦。
他若不是足够爱你，怎会愿意麻烦自己去接受你这个麻烦?

“刚刚在医院里是不是又迷路了？”
男人边吃着晚餐，边笑你。
你翻了翻白眼瞪他，心里庆幸着你们谁也没有比谁成熟。

我们都不想长大，也幸好都没有真的长大。
才能依旧相信爱情，相信只要努力就可以一起幸福。

当爱情活进了日子里，已经不是开不开口说我爱你，
而是因为爱你才总是把你的事摆在我自己之前。

能够再快乐起来的明天

离婚之后的她对于身边的一切都失去了感知。

结束一场婚姻、一段爱情，也连带失去一个曾经最好的朋友，所有喜怒哀乐一并消失不见。

她过着不好不坏的日子，跟人保持不好不坏的关系，每天的情绪也是不好不坏，工作效率也维持着不好不坏。

就这样继续把人生过完也不好不坏，至少不亏欠世界什么。

她这么说着。

她在别人面前表现出不好不坏的情绪，会收敛起难过，免得旁人会尴尬。

懂事的人总是想得多，该被照顾的时候她还会照顾别人的为难。

武装自己不必依赖别人，没有依赖、不会依靠自然就了无牵挂。

然后，在一个人的夜里，就真的以为自己一点也不需要被安慰。

然后，在一个人的夜里，一遍又一遍细数着自己那些遍体鳞伤。

她说早已看破了，决定不抱着任何期待过日子。

会说看破了，正是那种原本比谁都努力，之后还是会忍不住全力以赴的人。

说自己看破了，是不想被别人知道心里还在偷偷期待，以图避免一次次的失望。

说自己看破了，是不想再因为期待而疼痛，是不想又被落空击败。

说出了口，是希望绝望会被听见。

说出了口，是想掩盖无声的求救。

我们总以为放弃的人意志力薄弱，根本无法面对挫折。

却不明白，他们是太过努力把自己逼得疲乏不堪，最后只好放弃。

在我传了讯息给她后，这个女人哭红了眼出现在我面前。

一个人最脆弱的时候，告诉自己要坚强，却被朋友突然关心。

脆弱时，路人无视你的眼泪是体贴。

朋友的一句安慰是你最害怕的温柔。

她说，一直以为自己再也没有泪了，却在看了我的文字之后泪流不止。

我说，还能流泪就是还能被感动。

找回了眼泪，也就找回了当初能够被感动的自己。

当初的那个自己，挥霍着快乐的同时也学着勇于承受悲伤。

当初的自己愿意感受世界的好与坏，愿意相信过了悲伤的今天，总会遇见某一个再快乐起来的明天。

“相信自己”这样强大的力量是足以扭转乾坤的。

我不是天生乐观的人，但好几个有力的佐证坚定了我这样的信念。

只要有心想改变，就会想到办法。

就算你想不到办法，老天爷也会替你想方设法。

我有个朋友是上班族，她的小主管不认真工作又会推卸责任，更别提总是公私不分要助理去帮他处理私事。

朋友与他合作几年下来极度痛苦，为此动过好几次离职的念头。

有一回，这个数不清楚犯过多少次错的主管逾假未归，公司高层一声令下就解雇了他。

这个人事变动来得突然，像是高层苦等多时的良机终于到来。我朋友顺理成章升上主管职位，还多带了几个帮手，连带着薪水也调整到让她满意的价位。

不到三个月前，这份工作还让她痛苦到想离职，曾经连想也不敢想的幸运就这样发生了。

简直比许下生日愿望还要灵验。

这样的好事发生过没几天，下班回家的路上，她发现通勤偶尔会搭的公车路线更动了。

一般来说公车是不常更动路线的，原来这次的更动是为了配合新的地铁路线开通。让她惊讶的是，这条更动后的路线跟她曾经在心里模拟过的一模一样。几次在心里嘀咕过，直走不就好了吗？绕了一个大“П”字形真的很多余。

现在，公车真的就照她想要的路线走了。

“这两个心愿都是我曾经一闪而过的念头，根本没想过会有实现的一天。”

现在回想起来，她还是很激动。

“正面思考的力量真的很大耶！全宇宙都联手帮助我！”

我不确定全宇宙是不是真的都联手来帮助了她，我只知道——**当你愿意让自己越来越好，是没有人可以阻止你的。**

宇宙分分秒秒都以它自有的节奏运行着，默默安排着些什么，不疾不徐照着它自有的速度与频率。

它并没有征兆，所以你总是心急，因为等待了太久。

偏偏宇宙又不会给你保证，不会许下那种好事一定会发生的保证。但，就算你没有特地在等，没有怀着期待，有很多事还是自顾自地发生了。

不管你期待或不期待，没有什么是永远不会来到你身上的，像是台风、跳闸、白发、肥肉。

那，你为什么不愿意相信，爱情也总有一天会来到你面前，好事也会发生在你身上呢？

脆弱时，路人无视你的眼泪是体贴。
朋友的一句安慰是你最害怕的温柔。

这路上的颠簸都是必要的

谈过很多次恋爱的你，开始对恋爱提不起劲头。

除了实在是没遇上让你愿意不嫌麻烦的人之外，更多是你不确定自己还剩多少力气能够承受恋爱的失败。

已经失败了这么多次，你不免认命地相信，每一件事情都是有额度的，像是一辈子能赚到的钱，像是一辈子会爱上人的次数。

害怕在爱情面前再次失败的你，只是没搞懂——**许多人之所以能好好地谈上一场恋爱，就是因为他们之前失恋的次数够多。**

每一次失恋的曾经都是学会的过程，我们透过那样苦痛的过往，明白了不该如何去爱、应该如何去爱。

失恋次数够多不见得会让你更加勇敢地去爱，但你会明白一段爱情的失败不光是你做错了什么或者你哪里不够好，那是两个人都该背负起的责任。

谈恋爱毕竟不是一场好人比赛，两个好人不见得能谈上一场好的恋爱。你的好不是他要的，那只是多余的讨好；他的好你无法懂得，也只剩下客套。

两个人都那么好，但在面对相处的难题时，不能好好去面对也是没有用的。

爱情最困难的不是开始，而是坚持下去。

爱情的开始充满着甜蜜的想象，日子是轻松而惬意的。

相处过后的难题却是摆在眼前，有着必须克服的沉重压力。

对很多人而言，放弃是相对轻松的选择，而愿意坚持下去除了因为爱情，更多是放心不下对方。

放心不下面前这个人，少了自己之后，不知道日子会一塌糊涂到什么地步。

放心不下眼前这个人，那些改不了的坏习惯，没了自己的唠叨怎么戒除。

因为放不开这双手，因为这样的牵挂，让两个人继续为了能在一起而努力，是不放心带着这段爱情又多走了一段长路。

至于沿途遇上的那些态度暧昧不明的过客，也许够喜欢你但肯定不够爱你。

因为我们都知道爱着一个人的感觉，绝对不是他对待你的态度。

爱情本来就不需要大方，爱上一个人更不会是因为他对你有好处。

他让你无止境地等待，以为总有一天他会爱上你。

他要你别只为他美丽，也许会有别人更加适合你。

爱一个人是迫不及待的心急，是毫无把握的心慌，是不许别人占有的霸道。

如果你总是在风中雨里等待他偶尔想起你，你对他来说，根本一点也不重要。

你似懂非懂地听着，还是丧志地觉得对你来说幸福只是听说，根本降临不到你身上。问题是，当你总让自己躲在害怕受伤的阴影中，那个一直在寻找你的人，根本看不见你。

不要爱上我！你很想大声地警告所有人，你是个怪胎。

你很难再谈上一场恋爱，刚在一起就害怕会分手，对爱情唯一的信仰是永恒并不存在。你真该好好感谢这么古怪的自己，谈过的恋爱都不是辜负，都对得起青春。

很难谈恋爱所以慎重，怕分手是因为太在乎，觉得永恒不存在才会好好珍惜两个人的现在。

听着我的解释，你释怀地笑了。

你知道现在的自己，已无法再像以前那样不怕疼地去爱，却也还学不会有所保留地爱。但日子过得从容的你，早就不需要一本结婚证保证未来。

有些人就是注定要绕远路的，捷径摊在面前你还不敢踩进去。

这样的你后来找到的感情，是你越来越喜欢在他身边时的自己。

在他身边的你可以很好，也会耍坏，而且不管是什么样子他都全盘接受，没有被吓跑。你放心地展现最自然的自己，不必事事坚强，可以放心依赖。

一个人时很独立，两个人时就顺势安放自己的心。

他的出现不像偶像剧主角登场般耀眼，你没有对他一见钟情、没有紧张到忘记呼吸。

他在你还来不及察觉的时候就来到身边，默不作声地待了好久。经过了一段久到你们都算计不清的时间，后来，因为已经习惯身边有他之后，你才发现自己喜欢他。

他总是有办法让你笑出来，就算上一秒你还被他气到哭。有了他之后的日子，再无聊都成了有的聊。

他不是你认识的人当中最好的，他更不会说什么甜言蜜语，却总是记得与你们相关的细枝末节。

你要的从来不是最好的那个人，你要的是可以对你最好的人。

条件再好都是他的事情，但他可以对你好到让你这么喜欢自己，才是最无可替代的好。

你要等到那一天，可以细数这一路的记忆时才会理解，路上遇见的颠簸都是必要的。

还会发现，老天爷并没有弄丢你的地址，只是，非要等到这一天，你才会知道。

经过这么久的等待与练习，其他人只留下潦草的痕迹，而他是你一笔成画的杰作。

你后来找到的感情，是你越来越喜欢在他身边时的自己。

万年爱情板凳球员

她今年三十八，就跟大部分现代人一样，外表保养得宜，看不出真正的年纪。

单身，无婚姻记录。

对于单身这件事，她刚满三十那年一度惊慌失措，到过八年后的今天，已经有点麻痹了。

个性开朗的她不是个难聊天的对象，也试过几次无疾而终的约会。

这些约会对象有两个共同点：

第一，都是旁边比她还心急的亲友介绍的。

第二，在第一次约会之后就再也没联络。

如果只是没联络这么简单，她当然就懂了对方的意思。

但，其中有个男人居然在工作场合再度碰了面，更可恶的是还假装不认识她。

这可踩到她的地雷了，她决定要问出个所以然来。

知道会再跟男人碰面的那一天，她火力全开做好准备：自然的妆容，合宜的穿搭，配上灿烂自信的微笑。

她刻意将男人单独带到空无一人的落地窗前，端着咖啡俯瞰远处美景，不带威胁、轻轻柔柔地闲聊着，从最轻松的话题——“赞美男人”开始。

“你这两天的会议表现不错。”

男人得意地笑了：“还好，正常表现而已。”

看着他挂在嘴边的笑容，她忍住想踹他的冲动。

“大家都是成年人了，我想问你一件事。”

听出她语气里的认真，男人的表情有点退缩，眼神往下飘，看了看手表。

不等他开口拒绝，她已经发问：

“为什么上周第一次开会时，要假装不认识我？我们明明出去约会过一次。”

男人有点慌张地左右张望了一下，压低声音说：

“我是怕你尴尬呀，毕竟是在工作的场合又遇见………”

还想多做解释的他，立刻被下一个问题打断了：

“我其实更想知道，你为什么不再约我出去了？”

男人惊讶地看着她，似乎没料到会被问到这么直接的问题。

“我真的很想知道原因。”

她语气诚恳地补上了这句话，男人警戒的表情有点松懈下来，又张望了左右，叹了一口气，压低声音说：

“其实，我对你的第一印象很不错。”

他终于直视她带着欣赏的眼神。

“但是，一开始的好印象维持不了多久，我就发现你对我根本没有兴趣。你不停地说着自己的事，对于跟我相关的话题完全不搭腔。”

男人眼神看向落地窗前的河景，稍稍停顿了一下，好像在回想着什么。

“我还记得那天晚上你甚至帮我点好餐，还不准我更换，你坚持这样搭配吃比较健康。老实说，第一次约会就这样被控制，还蛮有压力的。”

她努力回想当天晚上的言行，半天说不出一句话。

“整个晚上你一个人说个不停，更夸张的是，最后你还买单坚持要请客。而且，不让我送你回家。”

讲到这里，男人自嘲地笑了。

“你那天的态度让我觉得，其实，那是一场你的独角约会，我到不到场都无所谓。我还以为这是你婉拒不感兴趣对象的方式。”

问出了真相并没有让心里比较轻松，甚至释怀。

自己只要一紧张就说个不停的毛病，被男人以为是不在乎他。

看不惯他只点了肉而好心提醒要搭配蔬菜，被说成是控制狂。

害怕麻烦别人，所以抢着付账、谢绝接送，让男人以为是不想有太多牵连。

她回想起几年前，另外一个男人在分手时说：

“你太独立了。”

他的口气带着责备，好像独立是一种错，是她人生的污点。

他根本不懂，独立是无从选择后被迫学会的，独立是种不得不养成的习惯。因为没有人能依靠，因为自己处理起来最快，因为害怕别人不耐烦的眼神，最后只好变得独立。

如果可以处处有救援，谁想总是自己拼尽全力、浑身是伤才能打倒大魔王？

她真的累了。

自己为什么这么容易被误解？

怎么跟男人相处还难过写稿？

更难的，她实在搞不清楚自己到底做错了什么？

三十八岁了，还过着谈不上成功的人生，连个勉强暧昧的对象都没有，总让她有股歉疚，好像对不起谁。

是对不起谁？

她对冒出这样念头的自己生气。

明明都这么认真地过日子、努力工作、好好善待身边的人，也不过就因为单身，到底是对不起谁了？

“对呀！到底对不起谁了，我们？！”

错落的干杯声夹杂着几个女人的怒吼，这是她常窝在一起的姊妹淘。

她们大大小小的节日都腻在一起，不管是刺眼的情人节、圣诞节，还是最需要相互取暖的生日，当然，还有一定要醉到大哭大闹的分手那一天。

她们四个从二十多岁时一起嘲笑身边那些急着谈恋爱的人，到三十多岁时嘲笑那些急着把自己嫁出去的人。她们一起抱怨自己不幸福，一起期待着将来会幸福，却又眼巴巴地看着被她们嘲笑的人一直很幸福。

中途当然有人脱队去谈恋爱，但在浑身伤痕累累之后，姊妹们还是以最温暖的怀抱迎接她归队。

她偶尔会冒出暗黑的念头，觉得这群姊妹对她来说有种“至少我的人生还有你”的安慰作用。

这个周末的夜晚，四个女人窝在她租的公寓里誓言不醉不归。

号称有大事宣布而召集了这次聚会的真真，两颊因为酒精的作用显得红通通的。

每个人的视线都盯着真真，但她从一进门就猛喝酒，又一直扯别的话题聊，好像需要壮胆才能把想说的话说出口。

“到底发生什么事啦？”看着真真狂灌酒的样子，连大咧咧的小美也担心起来。

“该不会是……又分手了吧？”向来谨慎的阿华小声地说。

她跟大家一样纳闷地看着真真，幸好，大家都很有默契不急着逼供。

“我要结婚了。”

干了不知道第几杯白酒之后，豪迈地放下酒杯，真真没头没脑地大喊，话才说完自己就掩面痛哭。

真真是四个人里面年纪最轻的，今年三十三岁。

年纪最轻但谈恋爱的次数最多，当然分手的次数也最多。

“我有种背叛了大家的感觉，对不起！”

看着姊妹淘哄着还在大哭的真真，她觉得眼前的画面太荒谬了。

她不得不承认心里除了替真真觉得开心，另外还有一股咽不下的气梗在胸口。

看着哭成泪人儿的真真，她突然明白了那口咽不下的气，不是忌妒，真的不是忌妒。

是恐慌，是感觉自己就要灭顶的恐慌。

那是一种漂浮在茫茫大海中多日，一直赖以求生的救生圈突然被拉走了的无助。

自己之所以一直觉得放心，总是好整以暇过着单身的日子，不急着谈恋爱更无视周遭的频频催婚，那是因为姊妹们都没有结婚。

至少，还有她们陪着自己，而这样的状态一直让她觉得很心安。

今天真真突然宣布要结婚，也不是不替她开心，只是她们会不会一个个轮流丢下自己去结婚？

自己会不会是最后被留下来的那一个？

谈恋爱对现在的她来说就像是逛超市。

很多人很多时候去超市并不是真的想要买些什么，就纯粹想去逛逛而已。

她就是这样的人，她喜欢逛超市，这件事给她一种生活掌握在手中的踏实感。进到超市后不一定会买东西，有时候，她会把东西拿起来看看又放回去，好像不是很需要的样子，就像她常会暧昧三个月后突然完全失去感觉。

她也常会带一些原本没有要买的东西回家，就像谈恋爱一样，爱上那种没想到自己会爱上的人。

宣布要结婚的真真没事不会去超市，只要一去，东西拿了就结账。她是那种连货摆在哪个架上、今天是特价还是涨价了都一清二楚的人，她很清楚自己要的是什么。

她其实很羡慕真真的果断与这么有目标。

自己就像是万年板凳球员，只敢在冷板凳上偷偷嘲笑那些上场后挥棒落空、被三振出局、表现不好的人。

她不是没有过上场的机会，只是她很坚持如果不能一上场就打出全垒打，宁可不参赛。

问题是，**如果没有那一千次挥棒落空累积的经验，怎么会有第一千零一次击出全垒打的精准？**

只是在场边嘲弄着别人，自己却连上场的勇气都没有。

总是躲在姊妹的身边，嘲笑急着恋爱、结婚的别人。

而这么多年过去了，自己却连一场恋爱都不敢去谈。

人生不是只要舒服舒服过日子就好，偶尔也要愿意冒个险，把自己的心交出去，看看会变成什么样子。

虽然我们每个人都知道，躲在自己的习惯里过日子最安全，也最放松自在。

你习惯每天出门都往右走，你习惯只跟姊妹们聚会，你习惯约会两次后决定要不要继续联络那个人。

但，如果一直习惯一样的事情、一样的决定、一样的日子，你永远不会知道，你的习惯会让你的人生错过些什么。

想要人生有些改变，也许应该从改变自己的习惯开始。

谈不了恋爱的你

年纪越大越容易习惯一个人，你说这也是没办法的事。

想办法让另一个人认识，花力气跟别人解释自己的过去现在，这样的事太累了，你懒得再去经历一遍。

已经很长一段时间，你把日子过得很有一套，在可以掌握的生活节奏里，实在塞不进另一个人的步调。

上次谈恋爱已经是五六年前的事，那一次的元气大伤让你安静了好些年，老老实实过着一个人的日子。

你没有什么恋爱的需求，

却也找不到让你就算会受伤也愿意去爱的人。

在觉得恋爱太麻烦的现在，

你找不到那个让自己心甘情愿被麻烦的人。

你不想被人发现这里有个单身的人，于是静悄悄不打扰世界地过着。

用来生活的力气都不够了，怎么还有余力去爱谁？

空窗太久，你说已经不懂得怎么去爱了。

爱情就像 部经典电影，你听说过，旁人也总说精彩万分错过可惜，你却不想买票进场。

爱情也是一册世界名著，那名字你听说过，但情节复杂、内容扎实厚厚的一本，你实在无力细细阅读。

别说谈恋爱了，你连新朋友也越来越少结识。

原本就是怕生慢熟的个性，也不擅长交际，跟老朋友相处自在，让你情愿窝在这样的舒适里，哪儿也不去。

年轻时总是怕寂寞，哪里人多哪里热闹就要往哪里去，却在一个人回家的路上更觉得寂寞。

后来你发现勉强跟每一个人当朋友，还要让每个人都喜欢自己实在太困难，也不会快乐。

真正的朋友不会计较你是不是每次聚会都到，
那是交际不是交情。
真正的朋友不是花最多时间耗在一起的人，
而是花最多心思为对方着想的人。

你更明白了不必一直费力地解释自己，懂你的人不必，不懂你的人不值。

跟老朋友在一起时，你们老爱提起彼此糗事相互调侃，而在你哭得最惨的时候也总是他们静静地陪在身边。

有彼此在身边的时候，你们总是笑得特别疯、哭得特别丑，那时候的你最开心、最放心，也最自我，你们说好了一辈子都不能轻易放过对方。

老朋友就像习惯去的餐厅，随口就可以点上一桌最爱的菜，根本不需要菜单。既不会踩到地雷，也不担心会被坑。

想要人陪时就有朋友在身边，单身生活并没有别人眼中的凄凉，你也不懂为什么大家老用悲伤的眼神看着自己。

单身生活过得太舒服了，谁还要找另一个人来破坏这一切？

你不是挑剔或眼光高，只是也许自私了一些、太爱自己了一点，舍不得让别人来分享这样自由自在的幸福。

你已经不似以前那么勇敢，可以不顾一切想爱就去爱。

你没有办法像以前那样单纯地爱，你的爱情变得复杂了。

你不想与人分享那张舒适的双人床、不想交出只由自己掌控的遥控器，更舍不得失去安安静静的个人时光。

你不想改变现在的自己去配合任何人，一个人过日子的省事让你害怕，如果多了一个人会变得多事。

你担心在还没有发生属于两个人的故事之时，就把另一个人介入你生活这件事活成一场事故。

单身生活没有几件事能难得了你，而恋爱居然成了最困难的一件事。

过往几次经验的累积，恋爱留给你的全是负面印象。

你太会看人脸色，每次谈恋爱为了讨对方欢心总卖力过了头，只是想谈个轻松的恋爱却让自己越来越累。

你力求表现，想要打造自己成为最完美的另一半，简直比做一场完美的简报还要吃力。

一旦觉得开心，你就开始担心这段感情什么时候会结束。

你相信自己被下了诅咒，不可能这么简单就可以幸福。

你更常在谈了恋爱之后不认得自己，这些都是恋爱留在你心里的阴影。

你总是担心着爱情里不见得会发生的可能，每天活在被自己恐吓的害怕中。

其实，恋爱就只是恋爱，恋爱是为了开心，失恋也许是性

格不合，恋爱本身并没有错。

一个人的性格固然难以改变，但人的心情却可以借由提醒来做改变。提醒自己多往好处想，不要一直唱衰自己、这么努力的自己是值得幸福的。

生活并不都是光鲜亮丽、自在逍遥的。

天气冷了，是想念的季节，你却连个可以想念的人都没有。

谈恋爱也许心烦，

但人生有些事还是需要另一个人一起陪着麻烦的。

你也想要有个可以唠叨的对象，

练练自己的白眼可以翻过几个山头。

你也不想一直这样坚强，

也想有可以依靠的肩膀，能够耍赖的对象。

但，你就是爱不了，你没办法爱上任何一个人。

一个人这样继续过下去，就可以理所当然地避开所有可能的伤害，你心里是这样子想的。

我们都会犯错，会受伤也免不了伤害过一些人。

每个人都是从每一次的受伤跟做错之中，学会了该怎么珍惜，该怎么对待自己真正在乎的人。

受过伤的人会变得温柔，因为知道疼痛是什么感受。

流过泪的人会懂得体贴，因为明白每一滴泪水的重量。

不要害怕一试再试，不要先设想会受伤而裹足不前，总会有个能够理解你所有伤痛的人，总会有个愿意耐烦你所有麻烦的人。

而你只是需要把该走的路都走上一遍，该经历过的事都经历一遍，在经过千山万水之后，在那条路上就会遇见他。

原来，他就等在那里，等着跟你一起去未来看看，原来两个人的幸福不会让你失去一个人时的快乐。

转身的勇气

我知道你以为自己早就不计较爱情了。

那，我想知道，你计不计较自己过得好不好？

你在过三十大关之后认识了男人，从生疏到熟识花了一年的时间，才点头同意交往。

对于在认识初期不停地被你直接拒绝这件事，交往之后他还是相当在意，总在各种不同场合提起。

他是个很有自信的男人，各方面都优秀，外貌出众又出身名校，唯独对自己的工作不满意，而偏偏你不但工作有成就感，收入还远高过他。

他嘴上说不在意，却三番两次地提到。

年轻的你不明白，这是一个男人气度狭小的表现。

你们在大家都觉得该结婚的年纪结了婚，经营着一段别人看来幸福的婚姻。

你本来也觉得没什么不好，婚姻生活不就是学习磨合、相互忍耐？每对夫妻都是这样子过来的。

开始感觉不对劲，是因为每次提到自己想做的事都被他否定。

他提出的理由多半是：我太了解你了，依照你的能力根本做不来。或是，我是为你好，万一你试了却失败了怎么办？

到后来，你有一种连自己也被他一概否定的感觉，连带着你也慢慢失去了自信。

我们常会因为别人对自己的看法，而怀疑起自己，甚至否定自己。

旁人说你不愿意帮忙、不好相处，你反省自己是不是太过自私；

主管责怪你没把工作做好，你开始担心自己能力不够胜任工作；

同事孤立你故意不往来，你怀疑自己不会做人、不够成熟宽容；

更别说，另一半的否定更具有强大的杀伤力，足以摧毁一个人。

有一种人，即使是你朝夕相处的另一半，却也日日夜夜耗损着你。

这样的人，自己闯不出名堂，就想要借由打击你来建立自信。

他害怕你一旦明白了自己有多好，就会离开他。

他见不得你好，认为就算你再优秀也不应该强过他。

当然他会说，他是为了你好，怕你看不清现实。

因为自己不会飞，就折断你的翅膀，把你留在身边。

不让你发现，你是属于天空的，他只能慢慢龟速前进。

一个谈恋爱时开开心心的对象，怎么经历婚姻却成了难以沟通的高墙？

你挂念曾经很喜欢的他，你放不下那个认识不深时让你魂不守舍的他。

你想人们说得对，爱情一开始是梦幻的、盲目的。

而经过了这些年，如今大梦初醒的你明白了爱情的多种样貌。

有一种爱情的浓度会在相处过程中慢慢递减，就像你对他。

你总是在说服自己他会改，事情会变好。然后就让自己待在原地，一待就是六年。这六年里你总是在迁就，他乐得继续逃避。

那段时间的你囚禁了自己，让人生的选项只剩下“不满”与“不安”。

你很快就决定要学着跟不满共处，毕竟离开一段婚姻的不安，更让你难以接受与想象。

但你忘记了，很多不安都来自于我们的想象，其实那些根本不会发生。

真正的爱情，是让你做自己、尽情表现自己，就算因为这样你将展翅高飞，他也会愿意当你羽翼下的风。

成就本来就该是两人一起分享的骄傲，怎么会变成爱人眼红的计较？

在我面前的你，哭成了一摊水，只能掉着泪，说不出一句话。

我不是一定要你立刻决定些什么，我只是想要告诉你。

一辈子的时间太短了，短到不该牺牲自己真正想要的去满足他人的要求。你没有义务让对方事事满意，再说，就算你耗尽全力，他也未必满意。

世界上没有谁的快乐是你的责任，除了你自己。

而愿意为自己转身的勇气，也不会是我可以给得起的。

转念比选择更重要

致——

面对十年的感情走不下去，我们都付出很多，很多事情为了求全大局，选择放弃我的底线只求在一起。

可到了现在，才发现他的未来蓝图并没有我，现在的我也不知道怎么走下去了……

我们每天面对的选择不少，小自起床、牙膏、牙刷的品牌，大到工作或人生伴侣，都要经过一番挣扎才能做出决定。

无法保证每一次做出的选择都会是最正确的方向，后悔则是难免会有的情绪，“如果当初做出另一个选择就好了”“早知道当初就不应该……”

发现自己选择错误时的懊悔，足以让人辗转难眠好几个夜晚。

做了看似不对的选择，难道人生就此一败涂地了吗？

有时候，人生绕的这段远路，是为了让你看见不一样的风景。是为了让总是匆忙赶路的我们，知道另一种面向的人生可能。

更何况，选择的对与错是以什么做评断的标准呢？

当初被找来这家公司洽谈跳槽的可能性，你心中有点不安。

习惯在台北东区上班的你，来到这栋华丽却空荡荡的大楼时，还一阵狐疑，这是怎样荒凉的地点。

因为原先工作环境的挫败，让你怀疑起自己的能力。

我们习惯为自己的挫败先找好借口，你也不例外。

你想离开那个环境，是因为看不惯高位者的工作态度，年轻的你心高气傲，不能忍受每天摆明混吃等死的人对你颐指气使。

你没有办法对这样的人服气，决定一走了之，虽然并不确定自己的选择对不对。

我们总以为挫败是别人造成的，却没想到这个挫败也可能是在提醒自己，你还不够好，不够好到可以为所欲为。

但你还是很幸运的，在动念想离职时，就被邀约到新的公司聊聊。

对你来说，那是一个全新的行业，全新的工作环境，还有更多全新的挑战。

你不知道选择离开已经上手的行业对或不对，对于要适应这么多全新的未知有点迟疑。

在面谈的过程中，一开始你描绘不出自己将来的工作样貌，原本想谢绝这份工作邀约，让自己继续留在原来的行业里奋战。

面谈到最后，那家公司的经理还带你参观了一下将来可能的工作环境。

这个举动意外地激发了你的好奇与好胜心，你边参观着心想：

“天哪，好有趣呀！我居然可以学到这么多新的东西。”

你接下了这份工作邀约，却没想到这一做就是二十年，而且直到今天，这份工作都还让你天天觉得新鲜，天天都在学习。

这样的人生收获，只是因为那短短几分钟之内的那个转念。

不只是人生的选择可以靠转念获得正向支持，感情也是如此。

我们时常感叹遇见对的人很难，却没想过有时候问题就出在自己身上。

这世界上不会有个完全符合你标准的情人，两个人之间总会有需要磨合的地方。当你在挑剔他不对、不够好，那样日积月累的负面情绪，只会让你越来越看不见他的好。

遇见了一个人，你觉得好像还不错，但如果可以去掉那三四个小缺点就好了，于是你毅然决然地说再见。下一个人出现了，你正满意地想打分数时，他也可能立刻在你面前乱丢袜子。

不是因为他是最对的那个人，是因为你转念了，才让他变成那个对的人。

你受不了脏乱，他尽力配合你却总是不满意。但，别忘了懒得下厨的你，多少个只想窝在家的夜里，是他挥汗如雨煮出一桌佳肴。

那些传颂千古的伟大爱情需要的是突破重重阻碍义无反顾地爱上，平淡无奇的生活正是杀死他们爱情的凶手。

罗密欧与朱丽叶若不是被百般阻扰，在那样十三四岁的年纪，光是喜欢的女生长发削短就足以成为移情别恋的理由了，怎么会激发出生死与共的情感？

若不是梁山伯吐了那几口血，眼看着生离死别就在眼前，十五岁的祝英台也不会哭裂了新坟，两人还化作蝴蝶从此双宿双飞。

这些凄美的爱情都是因为有强大的阻力，才让他们迸发出非要彼此不可的狂热情感。

两个人在一起生活后，对于你们之间的爱情最大的阻力，是来自日常琐事的耗损。

每当你叫男人拖地，他回“等一下”时，每每都让你怀疑自己对他的爱还残存多少。然后，你会觉得委屈，难道他不知道为了维系这段关系，自己做了多少让步、付出了多少努力吗？

越来越委屈的你内心的小剧场一发不可收。

你以为我会一直都在吗？

我是可以走的，但我一直在忍耐，你却不知道感恩，总是得寸进尺。

时时刻刻以为自己委屈，对于改善或维系两个人的关系并没有多大的帮助。

让自己转念，换个角度，找出对方的优点，不要一直放大缺点，两个人才可以继续相处下去。

真的那么爱干净，看不惯拖拉就自己做家事吧。环境干净，让心情舒畅才是最重要的事，是谁做了这件事就不是重点。接受了这个事实，心态就会平和，自然也不会感到委屈。

每个人都有自己的委屈无处说，你不是唯一觉得不平衡的人，但抱着委屈度日，并不能换来幸福人生。

觉得苦、觉得委屈是不肯放过自己，觉得不被重视、没有人懂你。不要过度期待别人可以完全解读我们的情绪，很多时候，连自己也无法真正完全了解内心的情绪。

可是，你可以让自己的不平衡、无处宣泄的委屈，靠一个简单的转念就消失无踪。

不需要靠别人就能够得到的好心情，来自于自己的转念，还有什么快乐比这个更能简单做到的？

不是因为他是最对的那个人，是因为你转念了，才让他变成那个对的人。

诗·

写给自己的秘密——

拆解文字符号，

只想知道心中藏着谁。

十

重要的人比自尊重要
对不起是该说的　即使错不在你

可以携手的日常　那才是幸福

一段感情结束后　放手　是应该的学会

强求不会留下　是你的推不开

要相信自己幸福的可能
相信他说的　你的难过与眼泪是因为
不是我

看懂当初的傻
却　想在复杂世界保有单纯

骄傲自己的一身伤疤
终于在死去活来后　变成我

别人眼中的成功　是想要的吗

不一昧朝同一个方向前进
虽然眼前全黑　因为光亮在后

不必觉得自己无极限
不必愚蠢地证明自己的好
不必认为有人可以扮演上帝
不必完成所有人的要求
上帝并不会答应所有人的要求

不如不见

我想念那个
在你面前明目张胆　耍赖的自己

我想念你边亲着我　边微笑的神情
还有
捉弄我后　孩子般的大笑

最让我想念的是
能有个
可以一转身就抱住
不害羞地说出“我爱你”的那个人

当我的心碎　你信手拈来当成就
不顾我撕心裂肺地哭求
你淡淡地说
希望以后还能是朋友
原地动弹不得的我　想着是不是哪里搞错

曾经那样不知分寸被宠爱过
谁要答应你分手后还是朋友

你只能是恋人
无法做朋友

我们往后
不如不见

不轻易许诺

你担心今天散了　明天朋友就淡了

我笑了　嘴角是沧桑的讽刺
不必担心呀　我说
淡是一定会淡的

你的眼神暗了下来
意气风发的青春
随着眼泪
洒落一地

孩子呀　现在的你还这样不舍
当时间冲淡了情感
当世故取代了忧伤
谁知道　会不会第一个变了的就是你

走到了路口　离别是必然的未来
再见说得用力些
眼泪掉得畅快些
以后
就算再想念也别频频回头

我们都得往想飞的方向去
为了再相遇的那天　能微笑着
在见不到面的日子　让自己变得更好
无法相聚的岁月　仍然要闪闪发光
就算　没有机会再遇到
也知道
你一定会很好

越多情的人往往越善变
越重情的人越容易遗忘

而
那不轻易许诺的
才是最在意的人

在你之后

在你之前
我以为爱情不过是　一段段　你情我愿的辜负
每一条一起走过的路　都是　义无反顾的蹉跎
你散尽我的青春　我徒劳了你的年华

在你之前
我不懂天荒地老的渴求　不懂为求共眠的甘心
只盼一夜白发

有你的日子　晴天雨天都是好天
直到
你执意斑驳了爱情
我学会了不再打扰

曾经的洒脱成为别人口中的笑柄
这才懂了　失去一个人　能划下多深的伤疤

在你之后
爱情只是听说
我总在听说
直到
再也没人听我说

在你之后
坚强是我避无可避的宿命
若不坚强
也没人心疼我的逞强

我不遗憾再也不能爱谁
我只遗憾再也不能爱你

我说好

我说好
他快乐地哭了

眼泪落在零下三度的雪地
一下就不见

那就在一起一辈子吧
他点点头
涨红着脸　额头冒着汗
孩子一样满足地笑　拉出一道桥
我踮起脚想看清楚
它会带着我们去到什么地方

一辈子很长呀
我担心了起来

他厚厚暖暖的手牵起我
说

不怕不怕我们慢慢走

只要有你一起
我只怕一辈子太短

雨不停

知道你心中总是雨天
告诉自己那就等

以为
总有一天会等到雨停

但
你的泪总不停
为你撑的伞总收不了
我不累呀
不觉累

终于
等到了这么一天

你却是
为她放晴

而我的雨从此再也不停

后来

后来 我们再也没遇上
伤心拒绝散场
只在我一人 电影院里
慢动作重复播放

那时的我放任心碎走板荒腔
以为在这场肆虐中 可以毫发无伤

后来的我 有一天被他遇上
伤心终于舍得放
忍了好久的泪
全交到他的掌心上

圆了又缺的不只是月亮
碎过的心才能从缝隙　透出光芒
快乐也能再次出场

该做的
只是给过去一个原谅

后来　听说你又回到老地方
跟朋友说着没我的世界　有多荒凉
而我　却早想不起

老地方　是在什么地方

刚刚好

刚刚好在我想要个天荒地老时
你开口道了别

我退到刚刚好够远之外
仔细修补自己

你温柔提醒
要我记得好好照顾自己
用那刚刚好迷人的语气

我
在刚刚好安全的地方
对你用力点头　微笑

我刚刚好懂事
你刚刚好绝情
我们之间　再也没有我们

回到了各自的自己
刚刚好没了你的我
刚刚好留下我的你

刚刚好的距离
你应该看不见我的泪
你留下刚刚好的休温
应该
足够陪我度过　没了你的漫漫冬夜

你拙劣的谎言
刚刚好让我存够狠心离开
你刚刚好决定放开我们
趁我要的那个
天荒地老还不可能实现之前

我可以
把自己照顾成
不再有你的刚刚好模样

你转身后
我就算哭得再大声
都刚刚好

不会被你听见

哪怕别人再辜负

你总是安慰自己
相忍　是为了和气好
但
和气　它知道你是谁吗

他们总是说
我是为你好
简单一句话
一口气
五个字
就强迫你做出为难的决定

这是大人世界里的诈骗

我们一生会遇到许多事
有时候　会让我们渺小
有时候　会让我们强大
但　你必须选择强大
在疼痛的过程里　慢慢认识自己

经历这些你会变成
真正成熟世故的人
看懂所有算计　却不算计任何人

与其等世界变好　不如先搞好自己
哪怕别人再辜负　你总要成全自己

旅行的意义

旅行的意义不在于
赶着去哪些景点
拍了多少美照
吃进多少美食

旅行的意义在于
终于可以好好陪着对方
一起面对眼前的难题
一边吵架是绝对
一边想办法是必要
看向同一处风景　记住同样的感动

一起走过雪地　一起在沙滩高高跳起
把脚印踏遍世界各样颓圮　繁华
才甘心回到生活
在平淡中相处
相爱得很重复

就算过了好久
他一再说起旅行时的烂笑话
你还是笑得出来

在好几年之后　你偶尔还是会想要问他
记不记得
瑞士那碗贵死人的馄饨汤
雨晴海岸　结冰的路上一起追车到快断气

他漫不经心地回
记得呀
还说出所有细节
原来跟你有关的事
不论多么微不足道
记性不好的他　居然都记得

原来
旅行的意义不只是曾去过多少地方
更是
在翻山越岭之后　明白自己归去的方向
看尽千山万水后
依然有个渴望回去的家

他暖好了你的心　让你放心结束流浪
你们要一起好好生活
也继续一起好好旅行

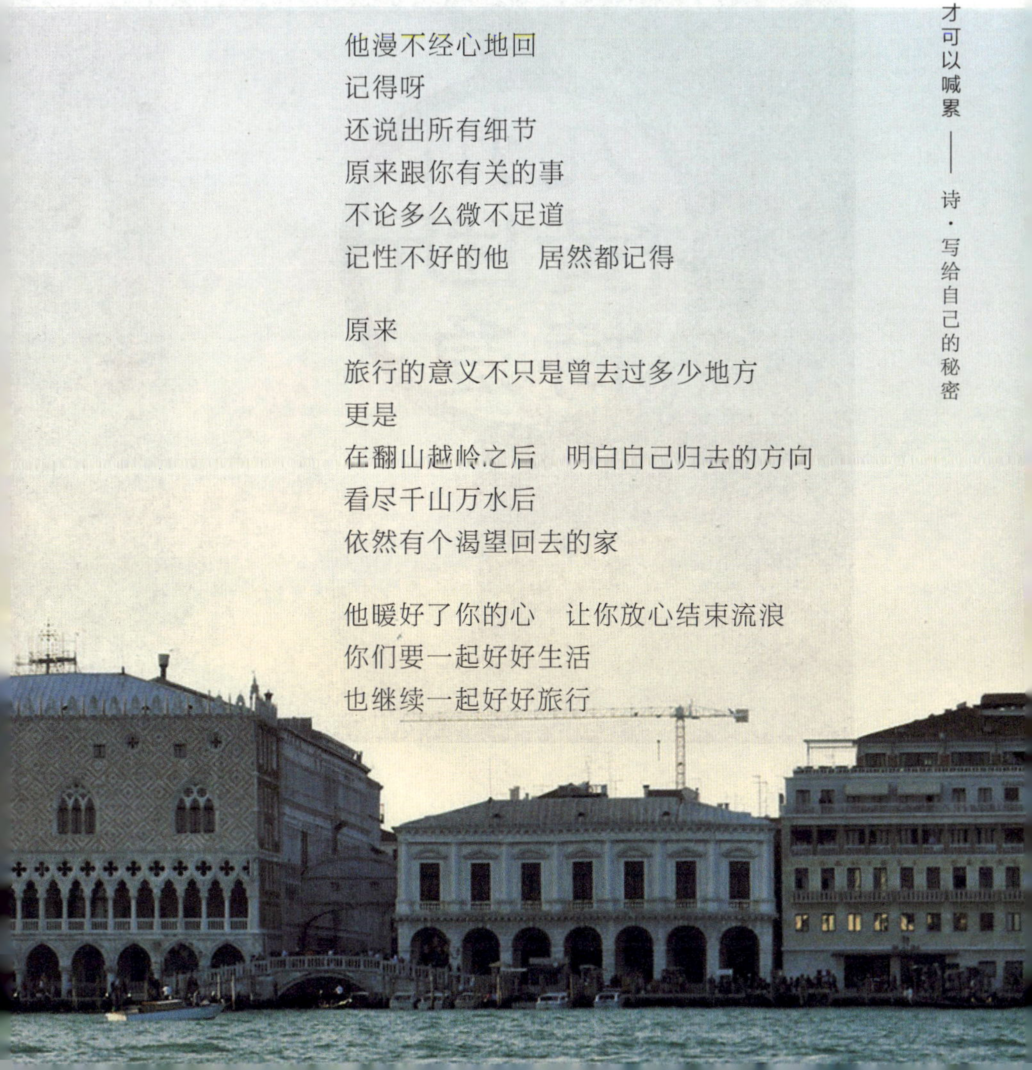

第一个月台

总以为幸福不该来得这么快
总以为幸福应该要充满波折
当我走过了无数个十字路口
在无数的红绿灯前踌躇

走累了一趟趟远路
只想回到你身边

才明白　这些年
绕的路
转的弯
都只是为了要再回到这里

我停靠了一个又一个月台　寻找幸福
却
没发现早把幸福落在了
年轻时急着离开的那

第一个月台

单心／担心

一样晴朗的蓝天
晒到发疼
习惯听见你的笑话
抢在第一个大笑
只是
空气中的熟悉　却已变成了陌生

秋天又来了
你却走了
你走得那么远　远到连背影都不见
我想得那么累　累到眼泪没有句点

没了空气
呼吸怎么办
没了阳光
天空怎么蓝
没了水
花怎么开
没了你
我的爱过了期

眼泪把脏东西　坏东西带走
泪干了　剩下的是什么样的以后
干净
美好

却没了你

你不再担心　我担心着你的心
我的担心只剩下　单心
只剩自己的　这颗心
担心着
你不再担心我　跟我的担心

爱不起的温度

如果这就是再见
那些还没说的话　该藏哪里好

行李带走了你
只留下毛衣在角落　奄奄一息
没了你的空气在身边　不断堆积
呼吸变成日子里的　最无意义
就算我能忘记呼吸
也　无法忘记你

我以为失去你的痛 表现得不明显
我以为抹去眼泪 伤心就会变勇敢

你想走了吧
你早走了吧

如果没有你就是生活　我总会过得下去
思念再多也不需要让你知道

别再试探我的孤独
那是你爱不起的温度

帮你准备好的公平

把一个人的生活过好
是从杜绝
所有会让自己害怕的东西开始

团购　不缺席
门口　装感应灯
睡前再三检查大门　是否上锁

安全感只能自己给　你一直这样相信
相信自己可以就这样
把日子好好过下去

但 有一天
有这么一个人突然静静悄悄来到了身边
像是什么也没特地为你做
却又什么都帮你做好了

开不了口的心事
他问起时
连一个字都来不及说眼泪就先帮你说

这才发现
原来他在你心里埋下不小的重量
你的泪
只在他面前 狂妄乱掉

这才相信
真的会有这么一个人
他的出现
让你忘记
世界对你的不公平
让你原谅
世界所有的为难

那些苦
那些泪
那些过不去的过去
他替世界还给了你

他就是世界替你准备好的公平

还你那纸幸福地图

以为可以忘了
却
总是记得太牢

你手心的暖度
你嘴角笑起来时的弧度
还有
那不知进退的宠坏
你的爱让我变得太过骄傲

放手
让你去找真正的幸福
原来
你的未来没有我
突然　一清二楚

放手
还你的那纸幸福自由地图
原来
没了我
你　才会幸福

你离开的背影在我眼中
只看见义无反顾
多我这一片　也拼凑不出想要的幸福
恍然大悟

你不要的爱再付出
都只是无聊的辜负
存够勇气
踏出离开那一步

握紧自己掌心的痛　送出最好的祝福
不是一辈子　就只能有一阵子的温度
放手
让自己回到一个人的荒芜
好过
在你的世界里　可有可无

辑四 · 成为同事

在下一次的相遇里，
成为各自生命中的不可替代。

不是每个人都值得当朋友

"忍气吞声是不是成为大人的入门科目？"

你疑惑地问我。

你在公司遭受黑函（中国台湾地区习惯用语，指告密信）攻击，捅你一刀的幕后主使者，竟然是每每见面就会亲热地拉住你嘘寒问暖的客户。你不敢置信。

向来开朗的你总是闪亮亮的双眼，此刻被一层失望的薄雾盖住了光彩，你勉强挤出了一个笑容，却比哭还要难看。

你是个热情又热心的家伙，遇见每个人都把他们当朋友，当朋友有任何事需要帮忙，你总是第一个挺身而出，不光是出一张嘴，出力永远比所有人还要多。却没有想过朋友会摆你一道，这样失望的情绪简直比失恋还要伤人。

向来乐观天真的你有点动摇，不确定是不是还要再相信人心。

主管要你成熟一点，用以往的态度与客户相处，继续维持表面上的和平，不可以翻脸，更不能公开抱怨或找她对质。

"你也是时候该长大了。"他最后丢下这句话，单方面结束这场对话。

你垂头丧气来找我，说长大真可怕，不想当个有心机的大人。

我不是很确定忍气吞声是不是成为大人的入门科目，但，我确定的是比起忍气吞声，你更该先清楚明白地知道：

不是每个人都值得"朋友"这个称号，有些人就是不配。

每个人对于朋友的定义皆不相同，你的挖心掏肺她收下了，心里算计的却是日后怎么利用。等待着对她自己最有利的那一回，张牙舞爪把你的一片真心吃干抹净。

无法弄懂的是，她一点都不介意你知情，她总有办法装出一张笑脸再去找你，然后用力地拥抱你并甜腻地说：“好久不见，怎么都不来找我？”

看着怎么样都无法释怀的你，我还是忍不住要说一个残忍的事实——

有些人之所以能达到今日的成就，就是因为他从来不关心别人的死活。

在他的观念里，只要是利己的，就是对的事，就是该做的事。

他不会迟疑，不管对象是谁，只要能够更上一层楼，便会奋力直踩你的头顶往上爬。他不会心软的，就像贪婪的吸血鬼，在短暂的虚情假意之后，马上吸干对他有利的部分。

至少你是幸运的，在这一堂课里，学会了“朋友”的真义。

真正的朋友不管认识的时间是长是短，会留下的，就不会因为任何借口而消失。

就算忙碌的生活节奏打乱了你们原本相同的频率，变得不常联络。但，他总会在你不是那么好的时候出现，那是一种连他自己也不明白的默契，一定会问你一声：“好不好？”

他总是第一个知道，而且发现你不是那么好的朋友。这样的朋友不必多说，一句就懂你，对你无所求，只希望你一切都好。

那些你自己也受不了、改不掉的个性与习惯，像是——

不喜欢装熟更学不会装熟，见到讨厌的人挤不出笑脸。

看不惯的事就忍不住强出头，无视对方怒气冲天的眼神。

总有些莫名其妙地坚持：下雨天怕麻烦不撑伞，想恋爱怕受伤不敢爱，怕别人为难总是不求救。

是朋友，才不会勉强你改，因为早就知道你根本改不了。

是朋友，才会用你最喜欢的方式伴着你慢慢长大。

你听着听着，好看的双眸又开始恢复闪亮亮的光芒。

接着却又难过地说，很可能一辈子都学不会大家期待的大人模样，因为自己太笨了。

这让我想起日剧《只想住在吉祥寺吗？》里的一句话：

没错你就是笨。

但，除了笨以外你没有做错什么。

我们笨笨地不想改掉天真的眼神，继续在这会吃人的大人世界里，以一贯的热情来面对一切。

你可以笨，可以天真，继续用热情拥抱朋友，前提是这些人必须值得被这样对待。

你必须还要学会另一门课题——

要求面面俱到，只会让自己精疲力竭。

总是顾及别人的需求、他人的情绪，全天下的人都开心了，却把自己累死了。

最后才发现，终究还是无法做到面面俱到。

年纪越大，越明白时间不值得浪费在错的人身上，情绪不值得为错的人起伏。

年轻时还不懂，以为那样的起伏就是真正的情感，所以甘愿被折磨，好像甩了巴掌、摇着肩膀，才感觉被爱。

年纪小的时候，以为朋友就是要事事配合，做什么事都要腻在一起；家人所有的不合理都必须视为合理。

现在的你比较懂了，一些看似简单却很难明白的道理。

人生太短，短到不该浪费在散发负能量的人身上；
人生也很长，长到该多留点时间让自己快乐。

更重要的是，你觉得跟谁在一起最开心自在，就该多花时间跟谁在一起。

真正的朋友不管认识的时间是长是短，
会留下的，就不会因为任何借口而消失。

主管都讨人厌吗？

职场上的苦水太多，只要聊到与主管相关的话题，很多人都可以说上三天三夜不停歇。

进入职场这几年，你肯定留下了一些曾经，就像这些年也同样留下了一些感情的伤疤。

在你兢兢业业、认真打拼的时候，偏偏遇见惯老板（中国台湾地区习惯用语，指要求多又不愿付钱，被惯坏的老板）；当你还搞不清人生的方向，整天浑浑噩噩，却反而遇见惯坏你的老板。

遇过的主管好好坏坏，有那种让人无法服气的主管，他的成功在你眼里不过是因为长袖善舞、善于交际，自身根本没有一点实力。

当然也有只想独善其身，部属最好都不要来麻烦他的主管。

还有一种在大家抱怨时最常被提起的——

气场强大、总给人莫名压力的主管。

说话毫不留情，总是在众人面前直接指出你的问题，合作不到半年，就觉得身心灵全被掏空。你老是在检讨中度过，文件怎么改他都找得出错误，你觉得自己好像被他讨厌了。

如果有一天没有被责骂，并不会有什么成就感，反而只觉得不过是侥幸。

你整天绷紧神经，在那短短的三年里，每天处在高压环境，却也让你成长不少。

现在的你也开始带人，当部属出错忍不住要发脾气时，总会想起那位主管。

职场菜鸟就是毫无经验的物种，在弱肉强食的办公室战场，谁还愿意多花时间去教导一个跟自己素昧平生、不知道会在这个岗位上坚持多久的人？

那位主管也许不好相处，但他愿意教你。

虽然是以不够亲切，甚至冷漠、公事公办的态度，但他不会用言语霸凌，让你觉得自己一文不值。

他肯教你，只要愿意便可以学到很多；他严厉，也练就了你工作不马虎的态度。这样的主管同时也公私分明，你不必刻意讨好，只要把事情做好，他不想跟你有任何私交。

真正践踏别人尊严的，是那种以亲切的姿态接近，却公私不分地总要部属帮忙跑腿处理私事的主管。

整天忙着讨好他，只求升迁的机会，不仅侮辱自己，也糟蹋了你曾经学习的专业。

没有意外的话，一般人都要贡献出三四十年的岁月，才能累积到一笔足以安心的退休金。而且不分行业，总逃不过部属与主管的关系。

但，主管都是讨人厌的吗？

还是他们有必须这么讨人厌的原因呢？

遇见坏主管除了辞职之外，我们还能怎么办呢？

很多看起来光鲜亮丽的主管，只是没有把自己的委屈与压力一天到晚挂在嘴边，你便以为他的成功只是侥幸，以为他靠着好运得来一切容易，却不明白他之前肝脑涂地的努力。

不得不承认的是，**很多人是在当了主管之后，才开始学着当主管的。**

他也不知道该怎么拿捏跟部属之间的关系，虽然说“带人要带心”，但又担心太过亲密，反而会让部属模糊了彼此之间该有的界线。

当关系太亲密，部属会轻易合理化自己的错误行为。更糟的是，被责备时他根本不在乎。一旦发生失误也无法理性地讨论，反而会造成负面情绪蔓延，究责的方向变成对人不对事。

懂得怎么骂人才是好主管，要骂就要针对事情责骂，不涉及人身攻击。如此一来，部属才不会心生反感，更能从错误中学习并且壮大。责怪要骂到重点，更要骂入心，让所有的人都能从错误中学到经验与教训。

再细心、再小心翼翼都可能会出错。当错误已经发生，后续面对的态度、处理的方式才是最重要的。

每次犯错都勇于道歉的人，其实最狡猾，以为先低了头，别人就不会怪罪。

总是抢着认错也许有责任感，但不去找出错误并且改正，就难以避免下次再错。每次都尽了全力却还是犯错，代表这份工作已超过能力所及，自己无法胜任这个位置。总是挂在口头上说“我会努力”，听久了就成了敷衍。

最应该的是找出让你工作费力的原因，并且想办法解决它。

否则，**一项工作让你做起来很吃力，其实代表你没那个实力。**

什么样的主管是刀子嘴却善心提点，什么样的主管又是存心糟蹋刁难，并不是从谁愿意当你的朋友来评断的。

“不管白猫黑猫，能够抓到耗子的猫，就是好猫”这句话拿来定义主管也是一样的。

这个世界上，没有所谓的好主管、烂主管，只有能不能达标、能不能带出另一只抓得到耗子的猫的主管。

能达标、能后继有人，让自己不过度操劳、懂得分配工作、下放权力，就是好主管。

每次犯错都勇于道歉的人，其实最狡猾，
以为先低了头，别人就不会怪罪。

丢掉名片，还剩下什么？

当我们年纪还小时，每个人都很擅长生活。

每天想的、念的都是可以让自己快乐的事，关心的重点都是要吃什么、玩什么，如何让每一天都过得开心。

逐渐长大的过程中，生活重心开始转移。

我们关心的焦点被迫改变，也慢慢变得不再那么容易快乐。

时时刻刻都在跟别人比较，小时候比成绩，长大以后比业绩。

努力想让自己做个重要的人，好像成为一个举足轻重的角色，是人生唯一应该努力的目标。

后来，我们的努力有了一点点的成就，真的变成了一个好像蛮重要的人。

不必声嘶力竭地大吼，讲的话也能好好地被听见了。

总是被交付重要的事，因为老板说你办事他放心。

总是以为自己太重要，当然就不能太放松，一旦放松就代表可能会出错。

你越来越放不下工作，却越来越放掉了自己。

你越来越晚下班，直到睡前，脑海里还想着工作。

每天都活得好像很重要，但怎么却越来越难开心起来了呢？

你有没有想过，这些不开心都是自己造成的？

你错把自己看得太重要，错把超时工作当作认真，忘了生活才是你最该认真对待的目标。

下了班就该把时间留给自己，忙碌并不代表认真，在该认真的时间里做好该做的事才是负责任的大人。

该下班就让自己真正地下班，别以为你只需要为工作负责任，你最该负责的是自己的人生。

成就感不是只能从工作中取得，生活过得惬意舒适，把自己照顾好也是成就。

努力工作固然是为了过上安稳的生活，但是，一直把心思留给工作就无法好好过自己的生活。不要把自己想得太重要，那只会越来越放不下，直到生活逐渐被工作整个绑架。

有些人被工作绑架还心甘情愿双手奉上全部时间，不仅赔上自己，还牺牲周遭的家人、朋友。有时，一不小心把工作的挫败感带进生活，一旦负面情绪无法健康地宣泄，就会牵连旁人、毁掉自己的生活。

最简单的让自己开心起来的办法，就是从把自己想得不那么重要开始——公司没了你不会倒，同事没你压力才会小。

但你说，你还是不敢准时下班。

不敢准时下班是因为担心别人怎么看自己，担心主管以为自己不重要，更担心主管认为自己不够认真。

你的烦恼来自害怕，害怕自己在别人眼中的样子不够好。

你的烦恼来自期待，期待听到赞美，期待别人会喜欢你。

我们一路走到现在，始终问心无愧地努力着，所做的一切都是为了对得起自己，而不是为了符合别人的期待，成为别人希望的样子。

面对不同关系时，我们自然会呈现不同样貌，你无法只用一种样貌去面对所有人，去满足他们对你完全不同的期待。

没有人可以决定你会是什么样子，你也不应该让别人决定你的样子。

为了让别人快乐而成为对方喜欢的样子，为了讨好别人而拼命伪装自己，却让自己感到陌生，越来越认不得那个人是谁。

我们所做的任何努力，都是想要成为更好的自己，可以理直气壮地大声说出喜欢。

真正重视你的主管会知道你的重要性，天天加班的员工也许比较任劳任怨，但绝对不代表比较有能力。

天天加班，代表分内的工作无法在规定时间内完成，须知，把工作做好才应该是要负起的责任。

“做了”跟“做好”是两回事，“知道”跟真正能够“做到”也是两回事。

就像你知道不该天天加班，要适时拒绝主管不合理的要求，但你就是做不到。

他们之所以天天逼你加班，是因为你好使唤，从来不懂得拒绝。

工作就真的只是一份工作，工作的成就不代表你这个人。

公司发的薪水支付的是你上班的时间，剩下的就是你人生最该拥有的美好时光。

人生本来就不应该只有工作，还有梦想、嗜好、家人、朋友和爱人，这些是你更应该去浪费时间、去消耗体力的选项。这些才能为生活品质加分，心境也更能随心所欲。

丢掉名片，你还剩下什么？

丢掉名片后还剩下的，才能代表你这个人。

不要让名片的重量、附带的虚荣左右你的生活，好好地过生活、活得像自己，就是这一生最大的成就。

工作就真的只是一份工作，工作的成就不代表你这个人。

自己的安全感自己给

很多时候是这样子的，我们无力改变些什么，尤其是改变一个人，一个不知分寸的人。

“这样会不会太麻烦你？”

在听到他虚情假意地追问你这句话时，最后一根理智线终于断裂。

你不可置信地回过头，看着这个不分昼夜强行以长官之姿逼迫你替他完成数百件私事的人，那虚伪的面孔正以温暖的笑容包藏着最丑陋的心。

你也看见了环绕在四周的其他部门同事眼中对你的羡慕。

“多善体人意的长官呀，居然还担心会太麻烦部属。”你轻易读懂他们的心思。

你是相信人性本善的，但在那一刻，你却不得不相信绝对邪恶的存在。

人性绝非本善，我们多希望倒霉的都是别人。

人性并非本善，是大部分的人都选择了善良。

这些人选择了以自己的小聪明占尽便宜、决不吃亏。

在他的认知里，占得了便宜就是自己人缘好，是自己够重要别人才会无法拒绝。

他就是一个不肯吃亏的人，而且只吃定所有因为心软而帮助他的人。

面对不合理的要求时，之所以没有办法在第一时间拒绝，不是因为软弱，而是不忍心让对方失望，更担心伤害彼此之间的关系。

一开始，你当然很惊讶自己素来尊重的对象，会提出这些种种荒谬的要求。但你说服自己，每个人总会有不方便的时候，而你只是举手之劳。**万万没想到这样给他方便，后来就被他当成了随随便便。**

他越来越随便，大事小事都对你开口。

你一步步往后退，一次次地答应与接受。

他一点也不担心你会讨厌他，他认定你的帮忙是理所当然，可以理直气壮地表达自己的无礼要求。

起初你以为是自己能力够强，才会被要求去处理这些大事小事。可一次又一次后，你发现他只是需要一个什么琐事都愿意做的人。

当时你还没存好足够的自信，为了坐稳目前的地位，你错把被利用当作被需要。这被需要的错觉带来了成就感，也带来了“自己在公司还算重要”的安全感。

在职场打滚了这些年，也慢慢搞懂了，**一个真正重要的人不必靠别人的认可，来确认自己有多被需要。**

成就感是靠自己拼出来的，是一次又一次战胜困难后赢来的。

是找出方法能在最短时间做到最高效率，是在该承担的时候不退缩、不推卸责任，因为这些坚持才得到了成就感。

因为无法拒绝，导致在你们之间俨然形成一种绑架，他对你的依赖，正因为你好说话、好差遣、从不说NO。

其实，只要你愿意狠下心，勇于拒绝，就可以摆脱。他自然有办法找到下一个替代者，你们两人之间没有谁是不可或缺的。

在经历了他的情绪勒索之后，你立下了未来的工作准则：

要做到被人极度需要，但别把自己想得太重要。

否则永远被责任感绑架，只会被无止境地消耗。

人生的很多时刻，你可能会像现在一样茫然，甚至比现在更加无助。你必须要有最大的狠心，才能换回一个合理的对待，更难的是，这件事没有人帮得了你。

你觉得自己找不到一个心安理得的位置，总是在见不到边际的大海中浮沉。

你必须明白一件事，人生本来就是一条无法回头的路，必须一个人独自行走，沿途有人做伴是幸运，但大多时候的多数人，都是孤零零走了大半的旅程。

你最能依靠的人始终只有自己。

想要如何被对待、安放在什么样的位置，都要靠你自己去争取，别人替你不得。

那些曾经以为的依靠不管是头衔还是高薪，都可能在一夕之间崩塌。曾经以为安逸的现在会是永远的存在，可意外总是不打招呼便不请自来。

在经历过人生那些避不掉的狂风暴雨、一度像要沉溺却又活了过来之后，才会明白要能够不慌不忙地面对困境，是因为心中有足够的把握，而那个把握是来自对自己的信任、对自己的依赖。

寻寻觅觅了这么久，在经历过这么多事情之后你才终于搞清楚，对自己的依赖与信任就是最大的安全感来源。

世事多变化，终究还是靠自己最实在。

一个真正重要的人不必靠别人的认可，来确认自己有多被需要。

占人便宜是要还的

人际往来之间，难免会有看不顺眼、讨厌的对象出现。

你之所以会讨厌一个人，除了单纯地看他言行不顺眼之外，有时候是因为你担心自己会变成那样的人，才会特别讨厌他。

天天看着他丑陋的言行举止，一边提心吊胆一边暗暗提醒自己，千万不要变成那样的人。

有一种人你特别讨厌，想尽办法占别人便宜，但手法往往粗糙，毫不掩饰内心的极度贪婪，而且一眼就被你看穿。

这样的人不觉得自己有什么问题，他认为可以成功占到便宜，正因为他够聪明，善用捷径达成目标，又懂得巧立名目、想方设法找漏洞钻。

这种巧言令色的人擅长合理化自己的所有行为，他觉得别人办不到是因为太笨，唯有他洞察先机，却不明白别人“有所为有所不为”的坚持，不该做的事不管合不合法、合不合理，就是不该做。

他总是沾沾自喜于用那些小聪明赢得的小胜利，食髓知味、一犯再犯。

但是出来混，迟早是要还的，占到便宜也无法开心一辈子，只是当时的他不会知道。

靠占便宜得来的胜利，转眼败落。

靠小聪明混到的成就，不堪一击。

我们这一生很短，短到不该总是在如何占人便宜上花心思。

我们这一生也够长，小聪明占来的便宜又能得意多久？

职场老鸟用权威霸凌菜鸟，把自己的工作推得一干二净，以为这算盘打得精，每天乐得轻松薪水照领，却在变动时最容易被替代。

菜鸟接受你的工作也磨炼了自己展翅的能力，累积出丰厚的羽翼，你占得了一时的便宜，却给了主管淘汰你的动机。

一天到晚只想靠朋友的资源成就自己，就算朋友心甘情愿被当成垫脚石，这些资源也只能被利用一次、卖一次面子，并不见得可以被频繁出借。

这些资源靠的是经营，资源也是经年累月得来的，半路杀出就想接手一切好处，不要以为每个人都会愿意配合。人生没有白走的路，可以达到足以被利用的层级，是付出了多少努力的曾经，不是虚晃一招便可以轻易替代的。

在朋友之间总是挥舞友谊的大旗，一再占尽便宜、一味预支友情的人，最后也只会沦为没有朋友的下场。

朋友之所以愿意一再透支彼此的友谊，愿意不断地让自己吃亏、让对方占到便宜，是因为重视这个朋友，只可惜这样的人总是不懂朋友的苦心。

这一辈子所遇见的人，没有一个人是理所当然应该要对你好的，也没有人是应该被你占便宜的。

很多时候能成功地占到便宜，只是因为他们心软，他们愿意让你这样做，甚至是因为他们把你当朋友、当自己人。

天天都想着占人便宜，只是把自己的格局设限，让存在感日益渺小，只能利用别人才能生存，没有一点可靠的本事足以撑起自己。

总想着占便宜，总靠着小聪明过日子，到最后才发现一辈子汲汲营营只得到一个廉价的人生。

占来的便宜总是要还的，且不见得会是你以为的方式。

占来的便宜，用人生来偿还，你侥幸度日满足于占便宜，局限了自己的发展。

占来的便宜，用友情来偿还，占尽身边人的便宜，后来身边再没有留下任何人。

占来的便宜，用人格来偿还，最后只会被定义为一个眼中只有自己的自私鬼。

你也许觉得占便宜没伤害到谁，却没发现你正在慢慢凌迟自己。

你也可能觉得被这样认定太委屈，不过是想要真正做自己而已。

你当然可以做自己，但不要成为一个不顾他人死活任性而为的人，不要成为自私自利的家伙，不要在做自己时事事都只想到自己。

这是“做自己”跟“自私”的最大差别。

写给二十五岁的你

有那么一阵子，你特别讨厌自己，也许正巧是你现在的年纪。

心里急着长大，却步履蹒跚；想要成为一个让以后的自己骄傲的大人，却不知道方向。

你对“长大”的定义是，要走路有风、气势凌人；对“成功”的定义是，在摩天大楼里上班，隔三岔五就要飞到国外出差。

那时候，还不明白成功不是只有一种样子，就算长大了也依旧会不知所措。

过了二十年才终于明白，**原来人不会在一夕之间就长大，成为大人的最大骄傲是没有忘记最初的自己。**

而且你也知道了，成功无法单靠一个人的力量就足以推动，更多时候别人的帮忙才是关键；也弄懂了，把日子过好才是最该达到的成功。你总是专注于工作，却没有预留时间让自己好好生活，日子一久，只剩下无止境的空虚。

现在的你，即使年岁增长了，但还是没有长大多少，始终不像个大人。

你依然无法像其他大人那样总是正经严肃，你甚至还比以前更爱笑了。

虽然在职场打拼了这么久，却依旧没有学会心机盘算，没有做到为了利己不惜害人。

你狠不下心踩着别人往上爬，你看不惯为了帮自己加分扯别人后腿，你做不来把过错让别人背，你更看不惯背后论是非的假面同事。

这么不擅长职场潜规则的你居然能挺过来，活在自己的逻辑里，与周边的险恶相安无事。

那是因为**在这些年跌跌撞撞的过程中，你学会不在乎不该在乎的人，不在乎不该在乎的事。**

这不是容易的事，你像愚公移山般慢慢地咬着牙滴着泪，疼痛地学会。

年轻时的不快乐，更多是茫然的成分，因为不知道自己的未来在哪里，有太多的不确定因素累积在心里，让心情浮动、情绪暴躁，任何一丝风吹草动都可能惹怒你。

生气的受害者往往是自己，但总以为能够借由发怒改变些什么。

愤怒时的沟通最无用，对方觉得委屈，你更不明白他为什么会这样做。

双方沉浸在各自的情绪里，都站在自己的立场拒绝沟通。发怒时，以最难看的脸色，说着最难听的字眼，想伤害对方，却更伤害了原本相信对方的自己。

年轻时更多的不快乐，是来自别人的否定，进而质疑自己。

如果你不加入，他根本无法伤害你、让你不快乐，你何苦

成为企图伤害你的人的帮凶？

这么多年的职场生涯，说不累是骗人的。

以前的疲倦带着天怒人怨的愤慨，总以为全天下都对不起你；分明努力到不能再努力，却只能看着别人成功，还赔上自己的人生。

后来的你调整了生活的重心，找到工作的节奏。

知道事情发生时怎么面对，比知道解决方法更重要。

把考验看作必经的难关，不是难以克服的卡关。

把达标的要求当作激励，而非不怀好意的苛求。

人生的难题都是为了成就你，是你该遇见、该面对的，而不是老天爷硬要跟你作对。

你学到了体谅，求助就算不被回应，也能明白别人的为难。

你学会了善待自己，明白自己没有责任必须忙着满足别人。

至于最无法掌控的爱情，在经历了几次的分分合合，从一段段关系出走后，你学到了如何找回自己独处的能力。

人生在世总要经历几次分手，现在谈不成恋爱并不代表你就比别人差。

你只是比较慷慨，大方地让别人先开始幸福。

你只是比较勇敢，舍得多受几次伤，多学会一些爱人的能力。

你的好不是对方要的，对方的好你不明白，并不代表对方就是个十恶不赦的坏人，**在下一次的相遇里，你们各自都还有机会成为别人生命中的不可替代。**

你不再逼着自己一定要成功，接受自己偶尔冒出的厌世情绪，不必总是高挂晴天娃娃，**连老天爷都做不到天天放晴，身为人类偶尔哭泣又何必逼自己喊停！**

你愿意面对自己的软弱，你懂了可以不必一直叫自己要坚强。

你坦率地放过自己，难过时尽情难过，才能在开心时笑到最大声。

在见过撒旦之后，你明白了天使有多善良。

人生的难题都是为了成就你，是你该遇见、该面对的，
而不是老天爷硬要跟你作对。

问题不在舒适圈

有个大男生想要离职，跑来找我商量。

“我很喜欢现在的公司呀，但是太喜欢了，让我有点害怕。”

害怕？

“大家不都说人不能一直待在舒适圈，这样不会有成长。”

他认真地下了一个这样的结论，期待能听见我的认同。

待在舒适圈就没办法有所成长吗？

刚听到这个说法，容易让人反省自己：是不是过得太安逸了？会不会安逸到放任自己怠惰了？

只是，当我们回顾这些年的努力与发展，不正是因为感觉舒适与安全，才更能够一展长才吗？

一定非得要离开舒适圈吗？

为什么不能够在舒适圈里安心大胆地好好表现自己呢？

舒适圈对不同个性的人自然会有相异的影响，当然有人会因此懒散，但并不是每个人都无法在舒适圈里认真打拼。吊诡的是，**很多人的舒适圈其实都来自其他人的忍耐。**

我们常因为交情、因为不好意思拒绝而逼迫自己忍下很多次不平之气。

每次吞下那口气时，都告诉自己：仅此一次，下不为例！

但这个下不为例、那个破例，一次又一次，到最后都变成了要命的惯例。

你的忍耐造就他的舒适，他不是不知道，而是觉得你的忍耐是心甘情愿的退让、是你情他愿的交情。

交情不就是这样来的吗？

我为你做一些，你为我忍一些。

其实，真正的交情除了我为你做一些，你为我忍一些，还必须加上不委屈对方一些，多为对方想一些。

我们真的有必要为了得到交情而万般委屈自己吗？

为别人所做任何事，只要自己心里有一点点的不舒服、一丝丝的委屈，就是不对的。

真正的朋友是相处来的，不是讨好来的。

当你不再一味忍耐，愿意试着表达真正的想法，就能画出自己的舒适圈，也正是准备好在这个圈子里大展身手的时候。

那些讨好别人得到的廉价友谊，在你敢于开口拒绝后大多会消失得无影无踪。这是岁月教会你的课题，让你明白什么样的人才是真正的朋友。

到那个时候，对你来说，舒适圈才真正舒适。至于那些过往对你颐指气使的人，心头是否舒适早已不能左右你的情绪了。

人在最舒适自在的时候，才能真正发挥长才。

生存是人类最基本的需求，当一个人自我的身心获得平衡与满足，才能专注在工作表现上。

职场上能不能够好好发挥，跟是否处在舒适圈的关系不大。

不甘于现况，不甘于平凡是一种心理状态，即使是处在舒适的环境里，看见自我表现不如预期，还是会频频找自己的碴儿，

要求自己加倍努力。

能不能激励自己努力向上，跟身处的环境无关，取决于自己的心态。

并不是待在舒适圈就不会成长，舒适圈也存在着压力。

舒适圈里的压力如同温水煮青蛙，因为增加得不明显往往容易被忽略。压力不见得一定会转化成助力，每个人处理压力的能力、方式各不相同，对有些人来说或许可以成长，但也会让更多人从此一蹶不振。

我们总以为抗压性够强的人才是负责任的人，令人意外的是，有些责任感越强的人，越常会因为一次失败而选择逃避。无法面对搞砸的自己，他才是最吹毛求疵、责任感最强的人。

责任感强的人，常常具备细心的特质。

细心的同义词：计较。

细心的修饰词：负责。

更白话一点来说，经手的事情完成后要送出去前，有没有先过了自己这一关。

而这些人格特质，不可能借由履历或面试就轻易发现。单靠几分钟的浏览履历或是一小时的面试交谈，就要百分百确认招聘到的这个人就是企业要的人才，这可不是一件容易的事。

因此，很多面试官会更趋向于由小见大、见微知著。

我听说有人因为面试后，记得把椅子摆正归回原位而得到工作。也有人纵使履历再漂亮，却败在相谈甚欢后没有好好关上门就离开。

面试官不是笨蛋，来应征的人们都会拿出最完美的状态，但他要知道的是没有包装过的你。没有包装过也还没有机会被检验的你，是不是真的如同履历般优秀，没有人知道，除非有事件发生才能证明实力。

当机会来临时，不会锣鼓喧天地引人注意，在无法预知的任何一个时刻，每个人都可能正被检验着。因此，大家总是战战兢兢，提醒自己随时做好准备。

然而，实力并不是职场一帆风顺的保证，看似一路平坦的远方，难保不会有看你不顺眼的路障张狂地横在面前。

那些不怀好意冲着你来的其实不难防备，难的是巧言令色用善意包覆的暗箭，当刺到肉里、疼到骨里时，你才会恍然觉悟，原来自己中招了。

钩心斗角、明争暗斗的案例很多，就算你愿意与世无争做好自己的本分，不存害人之心，旁人也不见得愿意放你清静度日、还你岁月静好。

在职场上待久了会越来越清楚明白，没有一个职位是不能被取代的，差别只在于被取代的速度与难度。

你唯一能做到的是，提升自己被取代的难度，减缓被取代的速度。

刚刚踏入职场打算大显身手的人，大多会给自己设定一个目标，通常会是备受景仰的高阶主管。**但，最后可以成功的人，**

往往不是达到最初所设定的目标，而是以自己的不同而获得他人的认同。

勇于与众不同，正是他清楚自己的能耐可以做到什么地步、能发挥多大的本事，因为够了解才能心无旁骛地往前拼斗，因为处在一个够舒适的环境，他才能放心大胆地展现自我。

他不像别人，他只像自己，也只做自己。

坚持做自己够久，就会有被看见的机会，也会因为这样的独一无二而让人难以取代。

Take your broken heart , make it into art.

拾起你破碎的心，让它成为艺术。

任何试图打击你的，也许已经得逞。

它伤了你的心，它让你忍不住落泪。

但这些心碎都会在未来变成曾经，只要你愿意收拾好自己。

将心碎的苦痛化作努力，你自然能成就一番作为。

今日打击你、让你心碎的，就是明日你踩在脚下往更高处走去的垫脚石，是一步步往上攀升的动力。

直到那一天，你安然无恙地走过了这几年职场腥风血雨，再回首看看，只会庆幸自己走过这些曾经，也才明白，唯有走过这些曾经，才会得到岁月静好。

宛如修罗场

“修罗场”这个名词在日本常被用来形容惨烈的战场，之前还被拿来形容婆媳之间如履薄冰的关系。现在更多人把它拿来形容在工作场合中，自己是如何被批斗到体无完肤的惨况。

很多时候，上班这件事让人疲累的原因，不仅只是工作过量或挑战太高。

人际关系的错综复杂、人心的难以捉摸，才是最累人的一部分。

对很多人来说，工作环境的舒心程度，比起工作本身是不是让你喜欢更加重要。

虽然说，老板花钱是请你来做事的，但在宛如修罗场般的职场里，把事情做好固然是展现能力的时机，却也容易成为备受注目的对象，遭人忌妒。

如果说，表现太好会遭忌妒，那干脆不做事只是敷衍呢？真要你敷衍也万万做不到吧？

在把事做好之前还得先学会做人，这真的让人感到很无力。

工作表现太积极被同事认定爱表现、给别人压力，总是你一言我一语地冷嘲热讽，要你留口饭给别人吃。

在这样的修罗场工作，专注把事做好是不够的，**不能只是当个好人，还得学会怎么防备人。**

以前刚进职场的你，常会因为遇见不负责任的同事、浑水摸鱼的主管，愤而丢出辞呈。那时太天真，看不惯这些薪水小偷，也知道自己没有能耐改变现况，但至少可以选择离开纵容那样工作气氛的环境。

心里还抱持着，一定可以找到适合自己的工作环境，不必钩心斗角，不必懂得做人，只要把该做的事情做好就够了。

经过了这十几二十年的职场生涯，最终不得不承认，职场就是存在许多扭曲的价值观。

很多人常会埋怨工作无聊，或抱怨被困在不是理想的工作里，这样的人整天放任自己沉浸在不满的情绪里，却没有投入任何心力去改变，那就是浪费自己的人生。

一件表面上看来呆板单调的工作，也能让人学到专注的能力。

再讨厌的工作，也都付给了你每个月的薪水；若因为厌恶工作，就在上班时间破罐破摔，这就是在偷窃老板的金钱，这样的行为跟犯罪没两样。

更残酷的事实是，在职场上**有关系比有实力来得重要。**

那些让你最看不惯的人，之所以能够坐领高薪整天无所事事，靠的不是实力，而是复杂而坚固的关系。

难过的是，有很多的关系是你这辈子不管有多努力也不会拥有的。

然而，没有关系可以依靠的人，也不代表没有机会成功。

如果总是抱怨没有关系可以依靠，就决定可以不必努力。那么，你之所以无法达到想要的目标，绝对不会是因为关系不

够好，而是因为你先放弃了自己成功的可能。

这些年，经历了一个个职场，也如同走过了无数的修罗场。

你不再坚持善良，不再总是选择原谅。

明白了那些存心利用你善良的人并不值得原谅，更不需要体谅他们的为难。还懂得要调整标准，不把自己绑死在僵化的原则里。

事情不是只能问心无愧地做好，也可以善用心机地做对。

没有什么绝对的正义，更没有不可撼动的原则，只要别人不来侵犯你，你自然也不会去加害别人。

在经历过被暗箭中伤太多次、背过太多黑锅、看尽了各种脸色后，不但练就了刀枪不入的功夫，还学会了不做那个人人想接近要你帮忙的好人，宁愿做个隐形人；又或者，就当个让人不敢轻易接近的妖魔鬼怪。

懂你的人自然明白你的柔软，不懂的人就让他把如何与你相处当作修行。

这世上的工作没有一个是轻松的，很多时候你以为别人做得很轻松，那是因为他滴下的汗都蒸发了，他抹去的泪你没看到。

对你来说，工作的目的不管是为了填饱肚子还是成就自己，都要记得，每一份工作都有痛苦的地方，今天你逃避了，将来还是得还，更可能在你最穷困潦倒、不得一刻安宁之时必须加倍奉还。

面对苦痛最好的办法是，扭转心态，好好去面对它。

就像那句英文谚语说的：

When life gives you lemons, make lemonade!

当生命给你酸柠檬时，就把它做成酸甜好喝的柠檬汁。

总会找到把痛苦变成人生蜜糖的诀窍，很多时候，我们需要的只是多那么一点的时间，给自己多一点点愿意去尝试的勇气。

不能只是当个好人，还得学会怎么防备人。

致强大的你和我

前几天，因为一场朋友聚餐，你路过了来台北后就职的第一家公司。

这家公司开在东区一栋办公大楼内，这么多年过去了，外观上没什么改变，依然屹立不倒。来台北这么久了，住的地方离这里并不远，却一直没有找时间回来看看。那天，当你站在一楼看着那家公司的招牌时，突然想起，自己曾经问过当时的主管一个天真的问题：

“工作十年的感觉是什么？”

换作现在，你已经工作了一个又一个十年，如果被问到“工作这么多年的感觉是什么”这样的问题，恐怕也是哑口无言，不会有答案的。

但你记得一开始的感觉，那时的你总是认命又拼命。

拼命地往前闯，根本没有时间去思考自己这样埋头苦干做下去到底对不对。你认命地知道，自己没有回头的本钱。

没有条条大道通罗马般的开阔，眼前只有路迢迢，还有没家世背景、空有一身胆识的自己，以及不知道可以坚持走到哪一步的茫然。

当时就算做不下去，也没有动过回南部老家的念头，你无法承受家人的眼神，不想被担心，不想成为别人的负担，你没有那样的勇气去担下那名为关心的罪名。

宁愿在异乡穷途潦倒，也不能回故乡安逸度日。

当时，你给自己的就是这样的庞大压力。

在那段年岁，其实很多时候已经累到无论怎样都无法迈开脚步再多前进一步了。

那些没有放弃的后来，是因为你咬着牙又多努力了一天，希望明天可能到来的成功就能证明自己是对的。

背井离乡打拼的人没有一个是容易过日子的，你我都不是傻瓜，明明都知道眼前的路不好走，何必一直为难自己？

现在不为难今天的自己，将来就会为难明天的自己。

宁愿让现在的自己日子难过，总好过将来的日子无法过。

眼前的路坎坷难行，你知道就算再苦也不保证会成功，就算拼上了全部的自己也不见得能让别人理解。

但你也知道转身离开决定放弃，不会是自己的选项。

如果现在什么都不试，直接迎向放弃，就无法面对以后的自己。

你从来没有伟大到想改变世界，想改变的就只是自己的人生。

不想就这样举手投降，不想要没办法面对二三十年后的自己。

你的努力不必得到谁的认可，只是要对自己有所交代，只想要让渺小的一生可以有所选择。

不想在面对困境时只能哭呀喊的，不想看着难题却只能束手无策。必须闯过的、一定要面对的始终是自己心里那一关，这点你始终清楚。

选择了怎样的人生，就要面对怎样的困难，每个人心中自有准备。

那段开始拼斗的日子里，虽然每天都不知道自己这样做到底对不对，即使每天面对工作的压力、生活的琐碎，每时每刻衍生出的麻烦，总是一件又一件盘根错节，但，在那段最苦的日子里，就算身体是累的，精神是压抑的，却始终觉得对得起自己。而这样的情绪让你苦得很快乐，也支撑着你一路走到了今天。

今天的你已经可以决定要成为什么样的人了，你带着自己走上的路，不管是挫败还是成功，都是心甘情愿的。每一次停下脚步后做出的决定，同样带领自己走向最想要的未来。

回想着这一路上的自己，从来没有人对你许下任何承诺，也没有人给出保证会成功才去努力的交易。

一开始只是抱着“不试试看，怎么知道自己行不行”的莽撞，就这样不知疲累、不愿服输地来到了今天。是你的勇气带着你从一无所有，到一一实现了自我。即使今天还没有获得想象中的功成名就，回首这段过程用力刻下的轨迹，让你的人生不是只留下一页页的空白。

你还是会继续倔强地走下去，朝着想去的方向，一贯地昂首阔步。

在最后可以完成梦想的人，并不是在最初就无比强大的人，而是在企图完成的过程中，因为努力而变得强大的。

致，强大的你和我。

辑五·
成为家人

愿世界所有的好，皆与你有关。

愿这世界的好都与你相关

朋友会在潜移默化中相互影响，包括人格的形成、个性的改变，都归入朋友的影响范围之中。

在年纪还小的时候，友谊比天高，朋友的要求总是急急忙忙回应，不敢怠慢也不想怠慢。

年少轻狂时认识的朋友，见过最没把握的你，也见过最不知道天高地厚的你。你们一起发誓要变成很厉害的大人，却也一起感叹好难好难。

原本以为一辈子都不会分开的你们，却在人生路上的某一个时间点突然分开。你决定继续练习困难一点的事情，朝着成为厉害的大人去努力；他则选择随遇而安，让人生照着自己想要的样子，一天天慢慢地、好好地过。

在这之后，忙碌的生活隔在你们之间，成了一片汪洋大海，偶尔停下脚步抬头看着那晴朗无云的蓝天时，就会想起他。

你会想起来要关心一下他，却总是对不上空当，只能偶尔聊上两句，交换一下彼此近况才能让你心安。

后来再认识的朋友，已经很难再带给你那么纯粹的快乐了。

即便对自己都感觉到失望的时候，他却自始至终都相信你一定办得到。你们的感情带着对年少的想念，只要一碰了面，就会回到那个最初的自己。

你们见过对方所有的狼狈，明白彼此最初的梦想。

在有人迷失了方向的时候，所幸对彼此的关心总能领着你

们安然脱困。

你们也许分隔两地，也并不是最常见面的朋友，却肯定会是第一个愿意为了对方赶到、竭尽全力帮忙的。

在陪伴对方走过的年少时光里，在真心诚意的相处过程中，常会在无意中教会彼此一些什么。

年少时的你，握在手中的东西太少，你总是特别小心翼翼地计较。你计较自己的付出对方有没有对等的回应，你计较给出去之后自己一无所有了该怎么办。

是朋友教会了你，善意不该是这样评断的。

是朋友教会了你，仔细算计换不来真感情。

是朋友教会了你，付出越多反而更能得到。

在成长的路上，分离是避免不了的课题。

我们从一开始的依依不舍，到后来明白有些朋友的相遇，只是为了陪自己走上一段路后就会分开。这里面没有交恶，却再也没有联络。

时间冲散了你们，彼此的脸孔在人海中渐渐模糊。

不论曾经是同学或同事，在离开共同生活圈后变得生疏，不再密切联系，不是因为他现实或太过忙碌。

不管多忙，为了够重要的人，时间总能拨得出。

忙碌只是一个让大家都能过得去的借口，也不必把人心想得如此崩坏，这段交情对你们来说原本就是可有可无的交集，他本来就没那么喜欢和你混在一起。

你们注定是彼此人生的过客，一起欢笑过就已经足够。

至于那些分不开的老朋友，更像是自己选择来的家人。

你们在彼此的面前，从不刻意假装，完全明白对方的缺点、坏脾气，还看尽这一路上跌跌撞撞的伤疤。

见了面就要斗嘴，不管分开了多久都不会让你们变得生疏，总会为彼此空出一段时间、保留一个位置。

年纪越大越能接受彼此的古怪，宽容地视为对方的个人特色。

你总以为自己越来越成熟，并且有自己的想法，却毫不自觉其实是越来越有所坚持，越来越不愿意妥协，越来越别扭孤僻，不喜欢认识新朋友。这些都让你与人越来越保持距离，在别人眼中成为难以接近的人。

但你的这些难搞，老朋友都懂，他们全盘接受，因为你们是另一种家人。

世事如此繁杂，你原本如此厌世却总是笑得出来，是因为只要抬头寻找，就能看见老友在路的那一头等着自己。

即使你们的人生已经走上不同的方向，即使不能够时时陪在彼此身边。

人生在世你已无多所求，只愿这世界的好都与他们相关，更感谢老友们漫漫人生长路上的相伴。

勒索同情

“勒索同情”是每个人很常遇到的状况，正因为太习惯了，又或者是不自觉，当状况发生就是一笑置之，于是这样的勒索就会一而再再而三地出现。

甚至，很多时候我们本身就是那个勒索犯，借由这样的方式博取友情、爱情甚至亲情。

身为一个正常人，同情心是必备的，**适度的善意是同情，但过分的要求就成了勒索。**

那些被需索无度的人，应该多多少少都想过这一个问题：

为什么总是找上我呢？

当疲于奔命只为了应付这些勒索时，难免会浮现这样的念头。

为什么？

因为只有你会有反应，这些勒索只会在你身上生效。

为什么？

因为你总会一而再再而三地回应，让他们习惯把自己的难题硬塞进你手上。

没人会先过问你的意愿，更没人管你要或不要；既然没有其他人在乎或者有反应，当然就只能对你下手。

除了你是个容易心软的人之外，恐怕也是因为你太在乎别人的肯定，太渴求被认同，才招来这样的对待。

你模模糊糊地记起小时候，大人争吵时总会把你拉入战局，到后来还会说是为了你好，他们才选择分开。

总之，他们的人生之所以如此凄惨都是你造成的。

你从那时候开始相信自己是个罪人，这莫名的负罪感就这样一路紧紧跟随着你，让你总是不敢光明正大地快乐，好像过得太开心就会对不起谁。

这些总说着是“为了你好”的人，正是最懂得如何勒索你、博取你同情的人。

他们先是脆弱无助地出现，忙不迭地与你分享心事，诉说着自己如何被漠视、没有人关心。

你不能不管我呀！

你怎么忍心不理我！

他们擅长从诉苦的内容中，不断传送出这样的讯息，而善良的你一一接收，你不忍心让他们陷入困境，根本无法拒绝他们的要求。你十分清楚“**不要用自己的困境勒索别人的同情，别人愿意伸出援手，那是因为他善良而非他应当**”这样的道理，却不懂如何拒绝他们的勒索。

一开始你还试着告诉自己，他们是需要你，不是利用你。面对外人时你事事强悍，不轻易让步；唯独面对他们，你根本无力招架。他们的勒索没有停止，你的回应也更急更快。

这么多年过去了，你终究还是累了，并且开始觉得事情不太对劲。

小时候害怕被遗弃的深层恐惧，趴在心中的那块浮木上，冷眼望向自己。为了不被留下，你一直是最安静的孩子，乖巧懂事，总是自己张罗着生活。

平时最让人放心的，才是最该担心的对象。

他不习惯把心事说出口，而是躲起来一个人独自伤心。

你是最懂得把自己照顾好的那一个，却不懂原来需要的时候可以寻求支援。你不知道人可以有脆弱的时候，需要帮助不是错，却早已习惯不麻烦任何人。

这一年来，你分明数度经历几场风风雨雨，这些平常总勒索你的同情的人，却连一句关心的话都没有。

即使是最表面的问候。

即使是最冰冷的短讯。

你在欲哭无泪之际，在走投无路之时，居然还偷偷渴望着他们给的温度。几次落空后，你放弃了等待。

痛到了绝境之后，人会突然清醒。在几次的情绪溃堤后，泪都还没擦干时，也终于死了心，终于想通了。

自己并没有亏欠任何人什么，每个人都必须自己负责自己的人生。让自己开心快乐才是人生大事，其他人的人生就还给他们各自忙碌就好。

你开始试着把自己的重要性放大，不把别人的需要摆在自己的情绪之前。

你要把自己的日子过好，要让自己开心，再也不会觉得对不起谁。

依赖是需要练习的

你没有想过都到这把年纪，居然还必须学着去依赖谁。

这一辈子独立惯了，总是一个人潇洒地来去自如。

向来最害怕没必要的牵连，怎么会知道却在年过四十后，招惹上一个总是担心着自己的男人。他担心你总在加班太过努力工作，担心你不懂得照顾自己，担心你太逞强不轻易开口求助。

起先你感觉这样的他太过婆婆妈妈，恨不得早早断了联络，老死不相往来。

但这世上的事，本来就不是你说东就不会往西走的。

你们原先真的只是朋友，是他一厢情愿地牵挂着你。

公司楼下就是捷运（地铁）站，离你温暖舒适的小窝只有十五分钟的路程，但在某个该死的晚上，家却远得像天涯海角，你累到没有办法起程。

那是一个再度加班的夜晚，好不容易可以喘口气，收拾好要回家时已经接近十点。你全身上下注满疲惫，整个人瘫在捷运入口动弹不得。

不知道在原地待了多久，正想起身伸手拦车却拦到了他。一看见熟识的脸孔，你居然开始放声大哭。

在那一刻，你意识到自己完蛋了，骨子里的骄傲与潇洒毫不眷恋转身离开，光速逃窜，离你很远很远。

在那个晚上，你没有办法一个人独处，他牵着无助的你回家。

他领着你到家，对于你的泪水不多问一句，因为他懂得你的别扭。

从来不轻易让人看见的泪，却在那一个晚上哭湿了他的肩膀。

他陪了你一个晚上，苦等你哭得累到睡着，才轻轻地掩门离去。

这么懂事的你对男人的要求其实很少，少到只要他不是个浑蛋，光是这样就弥足珍贵，光是这样就能让你点头。

而这个男人赢在他不只懂得如何不当个浑蛋，他还懂得你。

跌破了全天下人的眼镜，也不足以形容听说你们在一起时我的惊讶。觉得我反应太过戏剧性，你狠狠瞪了我一眼。

你说，你其实愿意学会依赖某个谁，只是不喜欢依赖别人时软弱的自己。

再说，你也不习惯显得软弱的自己，软弱是离你很远的曾经。

小的时候你很怕黑，知道这个弱点的邻居玩伴，好几次把你关进漆黑一片的厕所里，只为了好玩。

有一次，你在厕所里足足哭了一个小时，后来突然就不哭了。因为，就在你哭得最大声的时候，居然听见他们的嘲笑声。

从那一刻开始，你决定要学会忍耐，既然没有人在乎，害怕就显得多余了。

后来，又被恶作剧了几次，就算心里再害怕你都忍住没哭，觉得无趣的他们转移了目标，去霸凌其他哭得更大声的孩子。

这样的结果让你更加相信，只要不被知道弱点就可以保护自己一路安全过关。你就这样忍耐着很多不合理的事，与人保持着疏离。

一直独立逞强了这么多年，这时候的自己突然浮现了想要依赖谁的念头，这个改变让你相当愤怒，甚至觉得被自己背叛了。

你从被关进漆黑的厕所时就看懂了，人到头来还是要自己去面对很多事。没有谁会陪在身边一辈子的，就算是自己的影子，当隐身在黑暗里时，连影子也会抛弃你。

更何况依赖的习惯一旦养成便很难戒除，那种失控的感觉真可怕。

我看着你，明显是害怕自己失控多过想拒绝接受他。你害怕毁了现在的舒适人生，你害怕养成依赖后又被抛下，你害怕东又害怕西，最害怕的是自己真的爱上他。

人之所以会害怕失去是因为早就拥有，否则，你为什么要担心未来的失去?

在你还在抗拒排斥时，其实，你早已在不知不觉中开始依赖他。

我明白像你这样好强的人，很难轻易相信别人，更难找到一个可以让你放心在他面前愿意示弱的人。

我不是非要你在他面前一一细数自己的伤疤、展现自己的脆弱。

我只是希望你要相信，总会有那么一个人，让你相信自己曾经嗤之以鼻的爱情。

我只是希望他会好好接住你的眼泪，会在你需要的时候给你最暖的拥抱。

我只是希望当你不再抗拒在他怀里安歇，会愿意相信这一次真的遇见了永远。

我只是希望他会是那个人，让你对以前不敢相信的，现在都弄懂了。

你终于弄懂了，一路上的曲折与孤独，是为了在遇见的时候懂得他的不同，愿意跟他开始一个可能。

我只是希望你要相信，总会有那么一个人，
让你相信自己曾经嗤之以鼻的爱情。

人生从不给予直接的答案，
它让好事发生、让坏事也避不开，
让你明白自己就是个有无限可能的人。

版权登记号：01-2018-5852

图书在版编目（CIP）数据

努力多久才可以喊累 / 艾莉著；
—北京：现代出版社，2019.5
ISBN 978-7-5143-7377-6

Ⅰ. ①努… Ⅱ. ①艾… Ⅲ. ①人生哲学－通俗读物
Ⅳ. ① B821-49

中国版本图书馆 CIP 数据核字（2018）第 249692 号

努力多久才可以喊累

作　　者　艾　莉
责任编辑　赵海燕　王　羽
出版发行　现代出版社
通信地址　北京市安定门外安华里 504 号
邮政编码　100011
电　　话　010-64267325　64245264（传真）
网　　址　www.1980xd.com
电子邮箱　xiandai@vip.sina.com
印　　刷　北京瑞禾彩色印刷有限公司
开　　本　880mm × 1230mm　1/32
印　　张　10.25
字　　数　236 千字
版　　次　2019 年 7 月第 1 版　2019 年 7 月第 1 次印刷
书　　号　ISBN 978-7-5143-7377-6
定　　价　49.80 元

努力多久才可以喊累

艾　莉｜著　　只读文化工作室｜出品